高含硫气田职工培训教材

高含硫气田医疗救护

陆林瑞　李西灵　编著

中国石化出版社

内容提要

本书主要内容包括医疗救护机构的制度、职责,急救医疗设备的作用,急救设备的常见故障,个人安全装备的使用和维护,院前急救的内容和方法及各种突发疾病抢救流程图等。

该书详细介绍了普光分公司院前急救培训方面的主要内容,对医务人员需要掌握的内容进行了概括和总结,适合高含硫化氢气田及其他石油石化企业的院前急救人员阅读和借鉴。

图书在版编目(CIP)数据

高含硫气田医疗救护 / 陆林瑞,李西灵编著. —北京:中国石化出版社,2014.7
高含硫气田职工培训教材
ISBN 978 – 7 – 5114 – 2913 – 1

Ⅰ.①高… Ⅱ.①陆… ②李… Ⅲ.①高含硫原油 – 气田 – 救护 – 职工培训 – 教材 Ⅳ.①TE38

中国版本图书馆 CIP 数据核字(2014)第 174340 号

未经本社书面授权,本书任何部分不得被复制、抄袭,或者以任何形式或任何方式传播。版权所有,侵权必究。

中国石化出版社出版发行
地址:北京市东城区安定门外大街58号
邮编:100011 电话:(010)84271850
读者服务部电话:(010)84289974
http://www.sinopec-press.com
E-mail:press@sinopec.com
北京科信印刷有限公司印刷
全国各地新华书店经销

*

787×1092 毫米 16 开本 9 印张 135 千字
2014年8月第1版 2014年8月第1次印刷
定价:38.00元

高含硫气田职工培训教材

编写委员会

主　　任：王寿平　陈惟国
副主任：盛兆顺
委　　员：郝景喜　刘地渊　张庆生　熊良淦　姜贻伟
　　　　　陶祖强　杨发平　朱德华　杨永钦　吴维德
　　　　　康永华　孔令启

编委会办公室

主　　任：陶祖强
委　　员：马　洲　王金波　程　虎　孔自非　邵志勇
　　　　　李新畅　孙广义

教材编写组

组　　长：熊良淦
副组长：廖家汉　邵理云　臧　磊　张分电　焦玉清
　　　　　马新文　苗　辉
成　　员：李国平　朱文江　时冲锋　洪　祥　肖　斌
　　　　　姚建松　周培立　苗玉强　陈　琳　樊　营

序

2003年，中国石化在四川东北地区发现了迄今为止我国规模最大、丰度最高的特大型整装海相高含硫气田——普光气田。中原油田根据中国石化党组安排，毅然承担起了普光气田开发建设重任，抽调优秀技术管理人员，组织展开了进入新世纪后我国陆上油气田开发建设最大规模的一次"集团军会战"，建成了国内首座百亿立方米级的高含硫气田，并实现了安全平稳运行和科学高效开发。

普光气田主要包括普光主体、大湾区块（大湾气藏、毛坝气藏）、清溪场区块和双庙区块等，位于四川省宣汉县境内，具有高含硫化氢、高压、高产、埋藏深等特点。国内没有同类气田成功开发的经验可供借鉴，开发普光气田面临的是世界级难题，主要表现在三个方面：一是超深高含硫气田储层特征及渗流规律复杂，必须攻克少井高产高效开发的技术难题；二是高含硫化氢天然气腐蚀性极强，普通钢材几小时就会发生应力腐蚀开裂，必须攻克腐蚀防护技术难题；三是硫化氢浓度达1000ppm（$1ppm=1\times10^{-6}$）就会致人瞬间死亡，普光气田高达150000ppm，必须攻克高含硫气田安全控制难题。

经过近七年艰苦卓绝的探索实践，普光气田开发建设取得了重大突破，攻克了新中国成立以来几代石油人努力探索的高含硫气田安全高效开发技术，实现了普光气田的安全高效开发，创新形成了"特大型超深高含硫气田安全高效开发技术"成果，并在普光气田实现了工业化应用，成为我国天然气工业的一大创举，使我国成为世界上少数几个掌握开发特大型超深高含硫气田核心技术的国家，对国家天然气发展战略产生了重要影响。形成的理论、技术、标准对推动我国乃至世界天然气工业的发展作出了重要贡献。作为普光气田开发建设的实践者，感到由衷的自豪和骄傲。

在普光气田开发实践中,中原油田普光分公司在高含硫气田开发、生产、集输以及 HSE 管理等方面取得了宝贵的经验,也建立了一系列的生产、技术、操作标准及规范。为了提高开发建设人员技术素质,2007 年组织开发系统技术人员编制了高含硫气田职工培训实用教材。根据不断取得的新认识、新经验,先后于 2009 年、2010 年组织进行了修订,在职工培训中发挥了重要作用;2012 年组织进行了全面修订完善,形成了系列《高含硫气田职工培训教材》。这套教材是几年来普光气田开发、建设、攻关、探索、实践的总结,是广大技术工作者集体智慧的结晶,具有很强的实践性、实用性和一定的理论性、思想性。该教材的编著和出版,填补了国内高含硫气田职工培训教材的空白,对提高员工理论素养、知识水平和业务能力,进面保障、指导高含硫气田安全高效开发具有重要的意义。

随着气田开发的不断推进、深入,新的技术问题还会不断出现,高含硫气田开发和安全生产运行技术还需要不断完善、丰富,广大技术人员要紧密结合高含硫气田开发的新变化、新进展、新情况,不断探索新规律,不断解决新问题,不断积累新经验,进一步完善教材,丰富内涵,为提升职工整体素质奠定基础,为实现普光气田"安、稳、长、满、优"开发,中原油田持续有效和谐发展,中国石化打造上游"长板"作出新的、更大的贡献。

2013 年 3 月 30 日

前　言

普光气田是我国已发现的最大规模海相整装气田，具有储量丰度高、气藏压力高、硫化氢含量高、气藏埋藏深等特点。普光气田的开发建设，国内外没有现成的理论基础、工程技术、配套装备、施工经验等可供借鉴。决定了普光气田的安全优质开发面临一系列世界级难题。中原油田普光分公司作为直接管理者和操作者，克服困难、积极进取，消化吸收了国内外先进技术和科研成果，在普光气田开发建设、生产运营中不断总结，逐步积累了一套较为成熟的高含硫气田开发运营与安全管理的经验。为了固化、传承、推广好做法，夯实安全培训管理基础，填补高含硫气田开发运营和安全管理领域培训教材的空白，根据气田生产开发实际，组织技术人员，以建立中国石化高含硫气田安全培训规范教材为目标，在已有自编教材的基础上，编著、修订了《高含硫气田职工培训教材》系列丛书。该丛书包括《高含硫气田安全工程》《高含硫气田采气集输》《高含硫气田净化回收》《高含硫气田应急救援》，总编陈惟国。其中，《高含硫气田应急救援》培训教材又包含《高含硫气田救援设备使用维护与保养》《高含硫气田抢险器材操作与应用》《高含硫气田环境监测》《高含硫气田医疗救护》四本，每本教材单独成册。

《高含硫气田医疗救护》为《高含硫气田应急救援》培训教材中的一本，理论基础与操作技能并重，内容与国标、行标、企标的要求一致，贴近现场操作规范，具有较强的适应性、先进性和规范性，可以作为高含硫气田职工院前急救培训使用，也可以为高含硫气田医疗急救的研究、教学、科研提供参考。本册教材主编陆林瑞、李西灵，副主编杨伟、冯志广、张丽蕊。内容共分6章，涵盖了高含硫气田救援需要在现场掌握的专业基础知识和操作规程，第1章由杨刚编写；第2章由李西灵、杨伟编写；第3章由张丽蕊、张家云、肖静、蔡含芝编写；第4

章由冯志广、孙玉堂、王守乾、刘亚林编写;第5章由杨艳丽、梁松鹤、何元元编写;第6章由李西灵、冯志广、杨伟编写。参加编审的人员有宋先勇等。本册教材由李西灵统稿。

在本教材编著过程中,各级领导给予了高度重视和大力支持,朱德华、杨发平、刘地渊、熊良淦、张庆生、姜贻伟、陶祖强对教材进行了审定,普光分公司多位管理专家、技术骨干、技能操作能手为教材的编审修订贡献了智慧,付出了辛勤的劳动,编审工作还得到了中原油田培训中心的大力支持,中国石化出版社对教材的编审和出版工作给予了热情帮助,在此一并表示感谢!

高含硫气田开发生产尚处于起步阶段,安全管理经验方面还需要不断积累完善,恳请在使用过程中多提宝贵意见,为进一步完善、修订教材提供借鉴。

目 录

第1章 概述 ………………………………………………………… (1)
第2章 制度、职责汇编 …………………………………………… (2)
　2.1 现场监护及应急出动安全规定 …………………………… (2)
　2.2 施工现场医疗监护职责制度 ……………………………… (2)
　2.3 医疗救护站应急救护制度 ………………………………… (3)
　2.4 医疗救护站应急救护职责 ………………………………… (4)
　2.5 医疗设备管理制度 ………………………………………… (5)
　2.6 医疗救护站安全管理制度 ………………………………… (5)
　2.7 医疗救护站请销假制度 …………………………………… (6)
　2.8 医疗救护站站长职责 ……………………………………… (7)
　2.9 医疗救护站医疗岗职责 …………………………………… (8)
　2.10 医疗救护站护理岗职责 …………………………………… (8)
　2.11 门诊医师工作制度 ………………………………………… (9)
　2.12 护理工作管理制度 ………………………………………… (10)
　2.13 治疗室工作制度 …………………………………………… (11)
　2.14 药房管理制度 ……………………………………………… (12)
　2.15 抢救工作制度 ……………………………………………… (13)
第3章 急救医疗设备的作用 ……………………………………… (14)
　3.1 PRIMEDICTM便携式除颤监护仪 ………………………… (14)
　3.2 AED除颤仪使用步骤 ……………………………………… (17)
　3.3 多参数监护仪使用常规 …………………………………… (18)
　3.4 多功能呼吸机 ……………………………………………… (20)
　3.5 负压吸引器 ………………………………………………… (25)
　3.6 真空担架 …………………………………………………… (26)
　3.7 车载中心供氧系统 ………………………………………… (27)
第4章 急救设备常见故障的排除方法 …………………………… (28)

4.1　PRIMEDICTM 便携式除颤监护仪 …………………………………（28）
4.2　九久信 JIXI-H-100C 车载便携式呼吸机 ……………………（29）
4.3　MC-600 型负压吸引器 ………………………………………（31）
4.4　车载中心供氧系统 ……………………………………………（32）
4.5　真空担架 ………………………………………………………（32）
4.6　数字式十二道心电图机常见提示信息与维护 ………………（33）
4.7　多参数监护仪简单故障排除及维护 …………………………（36）
4.8　SC-ⅠA/SC-Ⅱ型自动洗胃机 ………………………………（42）

第5章　个人安全装备的使用和维护 ………………………………（44）
5.1　正压式空气呼吸器的使用及维护 ……………………………（44）
5.2　气体检测仪的使用 ……………………………………………（46）

第6章　院前急救的内容和方法 ……………………………………（49）
6.1　首诊负责制度 …………………………………………………（49）
6.2　现场急救的处置方案 …………………………………………（49）
6.3　相关疾病的现场急救措施 ……………………………………（53）

第7章　各类创伤现场急救 …………………………………………（84）
7.1　颅脑损伤的分类和现场急救 …………………………………（84）
7.2　颈部损伤 ………………………………………………………（86）
7.3　胸部损伤 ………………………………………………………（88）
7.4　腹部损伤 ………………………………………………………（92）
7.5　骨折 ……………………………………………………………（93）
7.6　溺水 ……………………………………………………………（96）
7.7　食物中毒 ………………………………………………………（100）
7.8　咬伤 ……………………………………………………………（105）
7.9　击伤 ……………………………………………………………（110）
7.10　温中暑 …………………………………………………………（112）
7.11　灾害事故现场医疗救护的各类预案程序 ……………………（115）
7.12　院前急救护理、转运技术职能 ………………………………（117）

附录：各种突发疾病抢救流程图 ……………………………………（125）

第1章 概述

普光气田位于四川盆地宣汉县境内，这里的天然气含硫量较高，地理环境、气象条件复杂，是可能发生多种灾害的地区。建立健全应急医疗救护体系，进行高效率的现场抢救，对保障安全生产和人员生命，具有重要的意义。

院前（现场）急救是急诊医学的最初和最重要的一环，其意义在于：在急危重症患者的发病初期就给予及时有效的现场急救，维持患者的生命，防止患者的再损伤，减轻患者的痛苦，并快速安全地护送到医院进行进一步的救治，为院内抢救赢得时间和条件，减少急危重症患者的病死率和伤残率。没有及时有效的院前急救，后面的一切工作就失去了前提。院前急救不是一般的出诊，而是采用先进的车载急救设备和技术，迅速到达现场，实行综合救治措施。

现场抢救是急症病人是否获救并减少并发症的基本保证，此时急救是否准确、及时直接关系到病人的安危和预后，此时时间就是生命，这在现场急救中显得非常具体而突出。

什么是院前急救呢？就是对遭受各种危及生命的急症、创伤、中毒、灾难事故等病人在到达医院之前进行的紧急救护，包括现场紧急处理和监护转运至医院的过程。

根据普光气田高含硫的特点，进入现场应首先做好个人防护，确保自身安全。严格按急救原则进行救护：先救命，后治伤（病），先救重，后治轻。

切实做到：普光有我，必有作为

科学救护，安全施救。

第 2 章 制度、职责汇编

2.1 现场监护及应急出动安全规定

（1）出动时认真检查个人必带的防护用品及器材（空气呼吸器、硫化氢监测仪、手电、口罩、手套等）。

（2）乘车时，必须本着"安全第一、预防为主"的理念，注意上下车的秩序和每一个细节。

（3）坐入车内及副驾驶座上及时系好安全带，配合司机观察行车安全。

（4）行车中勿与司机嬉闹或大声喧哗，以免影响司机的注意力。

（5）积极阻止在救护车治疗区吸烟人员，确保车载氧气瓶的安全。

（6）进入监护现场，车辆应停放在相对安全区（300~500m），便于撤离的路线上。

（7）在应急医疗救护中，到达现场后，首先要做好安全评估，确保自身安全方可进入现场。

（8）监护现场车辆停靠安全区后，及时检查个人防护用品。

（9）各种监护现场，医护人员要认真坚守岗位，不得远离空气呼吸器，应随时应对突发事件的发生。

2.2 施工现场医疗监护职责制度

（1）负责施工现场突发事件的人员伤害救治及转运护送工作。

（2）积极处置一般伤病员及其他急症。

(3)接到井场监护命令后,由医疗救护站站长分配监护任务,准时到达监护地点。

(4)出发前细致核对所备的急救药、物品,检查急救设备必须处在正常状态。

(5)检查个人配备的防护器材,随人而行。

(6)到达井场后,救护车停放到现场指挥安排的井场相对安全区(300~500m)。选择好随时能畅通道路,要有利于撤退。

(7)进入监护现场后认真做好自我防护工作,听从指挥员指挥,保持对讲机通话通畅,及时了解现场施工中有无危险因素,做到心中有数。

(8)井场监护人员认真查看井场安全路线,硫化氢检测仪,空气呼吸器是否处在正常状态。

(9)在现场监护人员时刻保持着装整齐,坚守岗位,不得擅自离开监护地点,不得远离空气呼吸器,认真执行中心规定。

(10)有突发事件发生,应立即展开抢救工作并及时向站内领导及中心领导汇报,但要确保自身安全。

(11)监护任务完成后,应及时对药品及抢救设备进行检查,做好登记并及时补充,并向站内领导汇报监护任务完成情况。

2.3 医疗救护站应急救护制度

(1)定期对医护人员进行急救知识培训,提高其抢救意识和抢救水平,抢救患者时做到人员到位、行动敏捷、有条不紊、分秒必争。

(2)抢救时做到明确分工,密切配合,听从指挥,坚守岗位。

(3)各种急救药品、器材及物品应做到"五定":定数量品种,定点放置,定专人管理,定期消毒、灭菌,定期检查维修。抢救物品不准任意挪用或外借,必须处于应急状态。无菌物品须注明灭菌日期,保证在有效期内使用。

(4)参加抢救人员必须熟练掌握各种抢救技术和抢救常规,确保抢救工作的顺利进行。

（5）严格查对制度，在抢救患者过程中，正确执行医嘱。口头医嘱要求准确清楚，护士执行前必须复述一遍，确认无误后再执行；保留安瓿以备事后查对。及时记录抢救过程以便转诊需要。

（6）抢救结束后及时清理各种物品并进行初步处理、登记。

2.4 医疗救护站应急救护职责

（1）在应急救援中心领导下，执行院前急救规章制度，完成各项医疗急救工作和任务。

（2）严格按照规章制度、操作流程进行工作，遵守诊疗常规，熟练掌握现场院前急救的各项技术，掌握仪器设备、器械的性能和使用方法，严防差错事故的发生。

（3）坚守岗位，遵守劳动纪律，服从调度指挥，按时随车出警。在接到出警通知后，应立即赶赴现场，积极参加抢救。

（4）应急救护成员电话必须24h畅通，处于备战状态。轮班在现场工作，随时掌握、处理抢救中存在的问题。

（5）发生重大成批危重病员时，在中心领导指挥下，由医疗救护站站长负责抢救人员的组织、抢救方案的拟定、物品的调集及医疗单位的联系，及时汇报抢救情况。

（6）抢救过程中必须掌握关键，采取各项抢救措施挽救病人的生命。在病人生命体征基本平稳，及时转送到当地合作医院继续抢救及治疗。转运途中，及时监测病情变化，采取有效的急救措施。

（7）抢救完毕，需做好抢救记录，按规定及时书写院前急救病案等医疗文书，总结抢救成功病例和抢救过程中的经验教训。

（8）定期对医疗急救设备进行检查和保养，发现故障及时按规定处理、上报，确保工作顺利开展。

2.5 医疗设备管理制度

(1) 设备要有专人保管，定期检查保养，保持性能良好，每周检查一次并做好记录。

(2) 使用医疗器械，必须了解其性能及使用方法，严格遵守操作规程用后须经清洁处理，消毒后归还原处备用。

(3) 精密仪器设备必须指定专人负责保管。应经常保持清洁、干燥，保管者每周检查性能后并签字。

(4) 保持设备外部清洁，对直接接触人体的仪器定期消毒灭菌。

(5) 定期通电试验，并开关机检查，运行时间不低于5min。

(6) 按键、旋钮检查。

(7) 保证氧气瓶的氧量充足。（每次执行任务后必需检查）

(8) 器材如有缺失，应立即汇报，尽快补充并追究责任，按规定处罚。

(9) 设备如出现故障，应及时维修，不能自行解决的可请专业人员修理。

(10) 凡因不负责任或违反操作规程导致损坏医疗器械或丢失，应根据医院赔偿制度进行处理。

2.6 医疗救护站安全管理制度

(1) 医务人员应当具备良好的职业道德和医疗职业水平，发扬人道主义精神，履行防病治病，救死扶伤，保护人民健康的神圣职责。

(2) 严格执行各项规章制度及操作规程，确保治疗，护理工作的正常进行。

(3) 内服、外服药品分开放置，瓶签标识要清晰。

(4) 对毒、麻、精神药品严加管理，按制度用药。

(5) 对医疗设备、电源、氧气要定期检查维修，严格按照规程操作。

(6) 各种抢救器材保持清洁、性能良好，保证运转正常。

（7）急救药品符合中石化有关规定，专人管理，每周进行药品数量和质量的检查并做好登记。

（8）无菌物品标识清晰，保存符合要求。

（9）定期做好医用物品的清洗、消毒、灭菌工作，保证无菌物品在有效期内。

（10）认真做好输液间、护理站、治疗室、换药室的室内空气消毒工作，每天空气消毒一次。

（11）定期检查灭火器等消防器材，并做好检查登记。

（12）严格执行上级及中心安全规定，正确使用各类电器设备。

（13）医用垃圾按时送交委托方处理，并做好记录。

2.7　医疗救护站请销假制度

（1）请事假3d以内（含3d，四川境内），不扣补贴，但必须提前报站领导，经过允许方可离开。每月可以分解3次使用，每1d以24h为单位。

（2）请事假原则上不超过7d（特殊情况例外），必须经过站领导同意，中心审批，按照请假的实际天数扣除补贴，且没有路程补助。

（3）在普光病假7d以内（含7d）不扣补贴，但必须出示定点医院的诊断证明。

（4）轮休假按照2个月休假15~20d（含路程）的原则，如果出现同时到假的情况，根据工作需要由站领导统一调整。休假少于15d者无路途补贴。在轮休期间不执行轮休的，必须等下一个周期（4个月加20d）方能轮休。

（5）在两个月的正常值班期间因特殊情况请长事假者，归队后重新按两月的值班周期方能休轮休假。如与别人轮休冲突，应排到正常轮休之后。

（6）休假期间遇到有突发事件及中心的紧急情况必须立即归队，违者责令退出普光气田。

（7）轮休期间，凡超假者，除按中心及上级文件规定处罚外，3d以内扣除路程补贴3d，超4d（含4d）双倍扣除补贴，且没有4d路程补贴。

(8）休假时间的界定：从离开岗位之日起，可提供当日车票、车次证实。凡弄虚作假者，一经证实者，扣除全部路途补贴。

（9）不同类别的假期不能混合使用。

（10）节日请假外出不在岗的，不享受节日加班。

（11）对无故旷工（未请假外出）者，旷工1d扣除1d的双倍补贴，并按照中心的管理规定进行处理。

（12）凡请假时间超过24h的，以及离开达州地区的，必须本人填写请假申请单，站领导批准后到中心例行审批，备案后方可离开，弄虚作假者按旷工处罚。

（13）无特殊情况，必须本人亲自办理请假、销假手续，禁止口头请假。

（14）没有列举的假期，按中心及上级的管理规定执行。

2.8 医疗救护站站长职责

（1）负责医疗救护站的管理工作。负责落实好有关医疗安全的法律、法规、标准和技术规程，及时落实上级有关医疗安全的指令和要求。

（2）组织医疗救护站医护人员完成常见病治疗、急诊的初步处理以及危重病人的转诊监护工作。

（3）结合实际，制定出应急预案。及时组织医疗救护站全体人员对监护过程中可能出现的风险进行评估，及时制定出抢救方案。

（4）负责与地方医院协调，组成事故现场救护及抢救治疗网络，组织突发事故的医疗救援抢救事宜。

（5）负责组织对本站人员进行政治和业务素质培训及安全教育工作。

（6）负责组织对应急救援人员的自救和援救能力培训工作。

（7）负责卫生知识宣传工作。

（8）负责普光气区范围内食堂及环境卫生、防疫等的检查督导工作。

（9）负责组织完成上级领导交给的临时性工作任务。

2.9 医疗救护站医疗岗职责

（1）认真学习有关安全生产、职业病防治方面的法律、法规、标准和技术规程，及时落实上级有关安全生产的指令和要求，严格遵守各项规章制度，对本岗位的安全负责。

（2）坚持"安全第一、预防为主"的工作方针，将安全内容纳入日常主要工作，并认真落实。

（3）上岗时按照规定要求着装，做到持证上岗，并正确佩带、使用和维护各类防护器具，能熟练使用消防器材。

（4）严格执行门诊首诊负责制，做好常见病治疗、急诊的初步处理以及危重病人的转诊监护工作。

（5）参与制定各项技术操作规程，精心操作和维护仪器设施，确保诊断报告单正确。

（6）完成井场监护、事故现场急救和伤病员的转诊及监护工作。

（7）认真学习，提高自身的政治和业务素质水平，不断强化应急救援能力。

（8）负责卫生和疾病防治知识宣传工作，及时发现传染病流行情况，出现疫情及时上报，做好填卡工作。

（9）负责完成站长及上级领导交给的临时性工作任务。

（10）积极参加本部门各项安全活动，了解实际情况，减少医疗差错，杜绝事故发生。

2.10 医疗救护站护理岗职责

（1）认真学习有关安全生产、职业病防治方面的法律、法规、标准和技术规程，及时落实上级有关安全生产的指令和要求，严格遵守各项规章制度，对本岗位的安全负责。

（2）坚持"安全第一、预防为主"的工作方针，认真做好三查七对及各项护理规范。

（3）认真执行各项护理制度及技术操作规程，正确执行医嘱，准确及时的完成各项护理工作，严格执行查对与交接班及差错登记报告制度，防止差错事故的发生。

（4）搞好办公场所、医疗场所等的安全管理，发现事故隐患及时处理或上报，消除不安全因素。

（5）认真学习业务知识和安全技术知识，掌握本岗位工作的安全生产知识，不断提高安全技能，增强事故预防和应急处理能力。

（6）严格无菌观念，按时做好医疗器械、物品的消毒工作并填好记录。

（7）施工现场监护和应急救援工作中应服从现场医疗人员的指挥并积极配合救治工作。

（8）协助医师做好各种诊疗工作，负责日常治疗和应急救治中的病案记录、资料收集和存档工作。

（9）负责完成站长交给的临时性工作任务。

2.11　门诊医师工作制度

（1）在站长领导下，做好各项业务和日常医疗管理工作。

（2）认真执行各项规章制度和技术操作常规，亲自操作或指导护士进行各种重要的检查和治疗，严防差错事故。

（3）认真执行首诊负责制，对病人要认真诊治，耐心解释，以高尚的医德、和蔼的态度做好病人的诊治。

（4）负责组织和参加危重病人抢救和治疗工作。

（5）对病员进行检查、诊断、治疗，开写医嘱并检查其执行情况。

（6）及时报告诊断、治疗上的困难以及病员病情的变化，提出需要转院的意见。

（7）认真学习、运用国内外的先进医学科学技术，积极开展新技术、新疗法，参加科研工作，及时总结经验。

(8) 随时了解病员的思想、生活情况，征求病员对医疗护理工作的意见，做好病员的思想工作。

(9) 做好各种检查器械、污物器的消毒处理工作，保持室内清洁卫生。

2.12 护理工作管理制度

2.12.1 查对制度

(1) 执行医嘱时要严格"三查七对"，即：操作前、操作中、操作后查；核对姓名、药名、剂量、时间、用法、浓度、批号。

(2) 清点药品时和使用药品前，要检查质量、标签、失效期和批号，如不符合要求，不得使用。

(3) 给药前，注意询问有无过敏史；使用剧、毒、麻、限药时要经过反复核对；静脉给药要注意液体有无变质，瓶口有无松动、裂缝；给多种药物时，要注意配伍禁忌。

2.12.2 给药制度

(1) 护士必须严格根据医嘱给药，不得擅自更改，对有疑问的医嘱，应了解清楚后方可给药，避免盲目执行。

(2) 了解患者病情及治疗目的，熟悉各种常用药物的性能、用法、用量、副作用及配伍禁忌，向患者进行药物知识的介绍。

(3) 严格执行查对制度。

(4) 给病人做治疗前，护士要洗手、戴口罩，做治疗时严格遵守无菌技术操作规程和消毒隔离制度。

(5) 给药前要询问患者有无药物过敏史（需要时作过敏试验）并向患者解释以取得合作。用药后要注意观察药物反应及治疗效果，如发现不良反应要及时报告医师，并做好护理记录单，填写药物不良反应登记本。

(6) 用药时要检查药物有效期及有无变质。静脉输液时要检查瓶盖有无松动、瓶口有无裂缝、液体有无沉淀及絮状物等。多种药物联合应用时，要注意配伍禁忌。

（7）安全正确用药，合理掌握给药时间、方法，药物要做到现配现用，避免久置引起药物污染或药效降低。

（8）治疗后对所用的各种一次性使用中的医疗器械物品进行初步清理后集中焚烧。

（9）如发现给药错误，应及时报告、处理，积极采取补救措施。向患者做好解释工作。

2.12.3　安全管理制度

（1）严格执行各项规章制度及操作规程，确保治疗、护理工作的正常进行。

（2）内服、外用药品分开放置，瓶签清晰。

（3）各种抢救器材保持清洁、性能良好；急救药品符合规定，用后及时补充，专人管理，每月清点并登记；无菌物品标识清晰，保存符合要求，确保在有效期内。

（4）制定并落实突发事件的应急处理预案和危重患者抢救护理预案。

2.12.4　护理差错、事故报告制度

（1）建立差错、事故登记本，登记差错、事故发生的经过、原因、后果等并及时上报。

（2）发生差错、事故后，要采取积极补救措施，以减少或消除由于差错、事故造成的不良后果，救护站领导应及时进行调查，组织有关人员讨论，进行原因的分析和定性，总结经验教训，并进行详细的记录。

（3）救护站领导应定期组织本科人员分析差错、事故发生的原因，并提出防范措施。

2.13　治疗室工作制度

（1）治疗室工作人员上班时，必须规范着装，做好洗手、消毒、备水、清

点物品以及检查设备等工作。

(2) 对病人所持医师开具的治疗申请单，要认真核对，耐心询问病情和以前治疗情况，以便作好必要的应对。

(3) 治疗前，医务人员要履行告知义务，详细讲解治疗中有关注意事项，并调整病人的心理状态，以便确保配合治疗。

(4) 严格执行操作规程，密切观察治疗中的病情变化及设备运行情况，不得擅自离开岗位，以确保治疗中的安全。

(5) 治疗中，如病人出现病情变化和设备故障，必须及时报告值班医师和站长以及有关设备管理人员，并采取积极措施。

(6) 治疗结束后，应反复询问治疗感觉，并交待回家后相关注意事项。

(7) 平时注意对设备进行维修和保养，发生严重故障不得自行处理，要及时报告和维修。

(8) 保持室内清洁卫生，做到物品定位，摆放有序，取之方便，及时消毒，污物及时清理。

2.14　药房管理制度

(1) 要具备全心全意为广大患者服务的思想和高尚的医德医风，对工作认真负责，把好药品质量关，确保患者用药安全有效。

(2) 对处方认真执行"三查七对"：查处方、查药品、查禁忌；对科别、对患者姓名、对年龄、对含量、对用法、对瓶签、对用量。审查无误后方可调配。

(3) 配方时，应细心、迅速、准确并严格执行核对制度。

(4) 发药时应将病人姓名、用药方法及注意事项，详细写在药袋和瓶签上，并应耐心地向病人交待清楚。

(5) 室内应保持清洁，药品及调配用具要定位放置，用后放回原处。

(6) 注意安全保卫工作，对麻醉药品、精神药品及贵重药品，当班人员要认真盘点清楚，防止贵重药品被盗，设立消防设备，防止火灾。

(7) 应按照药品性质、分类保管、注意温度、湿度、通风、光线等条件，应定期检查药品的有效期，防止药品过期失效，虫蛀霉烂变质。

（8）工作人员要衣装整洁，注意个人卫生，工作时间要保持肃静，不得大声喧哗，严格遵守劳动纪律，坚守工作岗位，工作时间有事离开时应请假，不得擅自脱岗，若下班时有未完成的工作应向值班人员交待清楚。

（9）非工作人员未经允许禁止入内。

2.15　抢救工作制度

（1）医疗救护站设立院前急救领导小组，由医疗救护站站长任组长，急救站医务人员任组员。

（2）遇有重大危重病员时，应立即报告上级有关部门。

（3）发生重大成批危重病员时，由中心灾难抢救领导小组根据病情成立指挥组，负责抢救人员的组织、抢救方案的拟定、物品的调集、各部门的协调以及和上级机关、医疗单位的联系，请求医疗支援。

（4）指挥组成员在抢救期间必须轮班在现场工作，随时掌握、处理抢救中存在的问题。

（5）平时随时做好急救准备工作。在接到抢救通知后，应立即放下可以暂缓进行的工作，立即奔赴现场，积极参加抢救。

（6）抢救器材、抢救药品须定位存放，妥善保管，定期检查，补充更新，作好记录交班。

（7）抢救过程中必须掌握关键，采取各项抢救措施挽救病人的生命，全站医护人员熟悉并掌握各科的各种急救医疗处理及技术操作。

（8）负责抢救的医护人员，必须严密观察病情，认真负责，坚守岗位，分秒必争，随时做好病史记录，病情有变化时，及时向上级汇报，以便加强抢救措施。

（9）在病人生命体征基本平稳，及时转送到当地合作医院继续抢救及治疗。

（10）抢救完毕，需做好抢救记录，必要时需做好抢救小结，以便总结经验，改进工作。

第3章 急救医疗设备的作用

3.1 PRIMEDICTM 便携式除颤监护仪

3.1.1 作用

急救时对致命心律失常室颤进行紧急电复律，对心律失常进行监护。

3.1.2 性能

PRIMEDIC® Defi – MonitorECO 技术数据

心脏除颤/心电复律：

操作类型：同步或异步体外除颤治疗。

能量等级：10J，20J，30J，50J，100J，200J，300J，360J（50Ω）。

电击（除颤）：在20℃时70次360J的电击，在0℃30次360J的电击电池电量满时电极充电时间：1s（100J），5s（360J）15次电击后的电极充电时间：1.5s（100J），5.5s（360J）。

延迟时间：同步脉冲和除颤动作之间短于60s。

3.1.3 电除颤的原理

电除颤又称电复律，是用除颤器释放高能量电脉冲通过心肌，使心肌同时除极，终止异位心律，重建窦性心律的方法。

3.1.4 适应症

非同步除颤用于室颤、室扑。同步除颤用于：房颤、房扑、室上速、室速。

（1）室颤（VF）的心电图特征：QRS－T 波消失，呈大小不等，形态不同的心室颤动波，常由室扑转变而来，波幅 >0.5mV 称粗波型心室颤动，<0.5mV 称细波型心室颤动。频率在 250 次/min 以上。频率 >100 次/min 者称快速型心室颤动，频率 <100 次/min 者称慢速型心室颤动。如夹有心室扑动波则称之为不纯性心室颤动。

（2）室扑（VFL）的心电图特征：P、QRS 与 T 波不能分辨，代以较均匀、宽大、连续出现的正弦波，频率在 200~250 次/min。

（3）房扑（AFL）心电图特征：P 波消失，代之以连续的锯齿状 F 波（扑动波），波幅大小一致，间隔规律，频率 250~300 次/min。房室传导比例常为 (2:1)~(4:1)，心室率规律或不规律。QRS 波群形态和时限正常。

（4）房颤（AF）心电图特征：P 波消失，代之以大小、形态不一的颤动波（f 波），频率 350~600 次/min 心室律绝对不规则 QRS 波群形态和时限正常。

3.1.5 禁忌症

（1）洋地黄中毒所致心律失常。

（2）电解质紊乱，尤其是低血钾者。

（3）风湿活动及感染性心内膜炎者。

（4）病态窦房结综合症合并心律失常者。

（5）房扑、房颤或室上性心律失常伴高度及完全性房室传导阻滞者。

（6）心脏明显扩大及心功能不全者。

（7）高龄房颤者，高血压性或动脉硬化性心脏病长期持续房颤者，心室率特别缓慢者。

（8）慢性心脏瓣膜病，房颤已持续一年以上者。

（9）风湿性心脏病术后，一个月以内的房颤及甲亢症状未控制的房颤。

（10）最近发生过栓塞者。

3.1.6 并发症

（1）局部皮肤灼伤（严重灼伤多与电极板与皮肤接触不良有关。除颤后应注意观察患者局部皮肤有无灼伤的出现。轻者一般无需特殊处理，较重者按一般烧伤处理）。

（2）栓塞：心、肺、脑、下肢栓塞。

（3）心律失常：几秒内可自行恢复。

（4）心包填塞。

（5）乳头肌功能断裂。

（6）心脏破裂。

（7）低血压（可能与高能量电除颤造成的心肌损害有关）。

（8）急性肺水肿（多出现在电除颤后1~3h内，亦可发生在电除颤24h后）。

3.1.7 操作流程

1）评估

评估了解患者病情状况、评估患者意识消失、颈动脉股动脉搏动消失呼吸断续或停止，皮肤发绀，心音消失、血压测不出，心电图状态以及是否有室颤波。

2）操作前准备

（1）除颤机处于完好备用状态，准备抢救物品、导电糊、电极片、治疗碗内放纱布5块、摆放有序。

（2）暴露胸部，清洁监护导联部位皮肤，按电极片，连接导联线。

（3）正确开启除颤仪，调至监护位置；观察显示仪上心电波形；电量充足，连线正常；电极板完好。

（4）报告心律"病人出现室颤，需紧急除颤"。

3）操作

（1）将病人摆放为复苏体位，迅速擦干患者皮肤。

（2）选择除颤能量，单相波除颤用360J，直线双相波用120J，双相指数截断（BTE）波用150~200J。若操作者对除颤仪不熟悉，除颤能量选择200J。确认电复律状态为非同步方式。

（3）迅速擦干患者胸部皮肤，手持电极板时不能面向自己，将手控除颤电极板涂以专用导电糊,并均匀分布于两块电极板上。

(4) 电极板位置安放正确;("STERNVM"电极板上缘放于胸骨右侧第二肋间。"APEX"电极板上缘置于左腋中线第四肋间)电极板与皮肤紧密接触。

(5) 充电、口述"请旁人离开"。

(6) 电极板压力适当;再次观察心电示波(报告仍为室颤)。

(7) 环顾病人四周,确定周围人员无直接或间接与患者接触。

(8) 双手拇指同时按压放电按钮电击除颤;(从启用手控除颤电极板至第一次除颤完毕,全过程不超过 20s)。

(9) 除颤结束,报告"除颤成功,恢复窦性心律"。

(10) 移开电极板。

(11) 旋钮回位至监护;清洁除颤电极板。

(12) 协助病人取舒适卧位,报告:密切观察生命体征变化,继续做好后续治疗;病人病情稳定,遵医嘱停用心电监护。取下电极片,擦净皮肤。

(13) 电极板正确回位,关机。

4) 操作后

(1) 擦干胸壁皮肤,整理病人衣物,协助舒适卧位,密切观察并及时记录生命体征变化。

(2) 整理用物。除颤的临床应用在急症医学中,各种原因导致的心搏骤停,心电图表现形式:

①室扑或室颤:心脏不能有效射血;

②心脏电机械分离:虽然有心脏电活动,但不能产生有效的心脏机械收缩,无心音及血压;

③心跳停止:既无心脏电活动,也无心脏收缩,心电图呈直线。

3.2 AED 除颤仪使用步骤

自动体外除颤器(automatic external defibrillator,AED):AED 的基本工作原

理采用调制区方程（mdf）鉴别室性与室上性心律失常，具有自动识别、分析心电节律、自动充放电及自检功能。且与常规除颤相比，AED可提高存活率1.8倍，它能提供连续监测，快速识别和迅速反应功能，安全可靠，具有有效降低心脏骤停的发生率和死亡率的潜在功能。

AED除颤仪使用步骤：

第一步：应用AED前，需解开或剪开衣物，完全暴露患者前胸部，去除或移除患者胸前所有可移除的金属物体如表链、徽章及饰物等，确保胸前没有异物，以免影响电击，减弱或散失除颤能量。

第二步：连接电极板。将电极板紧贴在患者胸部适当位置上，再将电极板插头插入AED主机插孔。电极板正确连接后，可自动分析心律，在此过程中不要接触患者，因为即使是轻微的触动都有可能影响AED的分析结果。

第三步：开启电源。除颤仪自动分析完毕后，AED将发出是否进行除颤的建议。

第四步：除颤。当AED发出除颤建议时，操作者及附近人群切勿与患者接触。操作者按下半自动型体外除颤器的"放电"或"除颤"键进行除颤，应用全自动型体外除颤器则无需按键即可自动完成除颤。

3.3 多参数监护仪使用常规

3.3.1 使用常规

1）使用对象

凡是病情危重需要进行持续不间断的监测心搏的频率、节律与体温、呼吸、血压、脉搏及经皮血氧饱和度等患者。

2）心电监护操作程序

（1）准备物品。主要有心电监护仪、心电血压插件联接导线、电极片、生理盐水棉球、配套的血压袖带。

（2）操作程序如下：

①连接心电监护仪电源；

②将患者平卧位或半卧位；

③打开主开关；

④用生理盐水棉球擦拭患者胸部贴电极处皮肤；

⑤贴电极片，连接心电导联线，屏幕上心电示波出现；

⑥将袖带绑在至肘窝上两横指处。按测量—设置报警限—测量时间。

3）通常使用心电监护仪时用的电极以及各电极安放的位置

有五个电极安放位置如下：

右上（RA）：胸骨右缘锁骨中线第一肋间。

右下（RL）：右锁骨中线剑突水平处。

中间（C）：胸骨左缘第四肋间。

左上（LA）：胸骨左缘锁骨中线第一肋间。

左下（LL）：左锁骨中线剑突水平处。

4）监护系统临监测心电图时主要观察指标

（1）定时观察并记录心率和心律。

（2）观察是否有P波，P波的形态、高度和宽度如何。

（3）测量p-R间期、Q-T间期。

（4）观察QRS波形是否正常，有无"漏搏"。

（5）观察T波是否正常。

（6）注意有无异常波形出现。

3.3.2 血压监测

（1）主要功能：它分为自动监测，手动监测及报警装置。手动监测是随时使用随时启动START键；自动监测时可定时，人工设置间期，机器可自动按设定时间监测。

（2）使用血压监测仪时应注意以下：首先，应注意每次测量时应将袖带内残余气体排尽，以免影响测量结果；第二，选择好合适的袖带。

3.3.3 经皮血氧饱和度监测：

（1）用经皮血氧饱和度监测仪红外线探头固定在患者指端，监测到患者指端小动脉搏动时的氧合血红蛋白占血红蛋白的百分比。

（2）注意事项：第一，使用时应固定好探头，尽量使患者安静，以免报警及不显示结果；第二，严重低血压、休克等末梢循环灌注不良时，可影响其结果的准确性。

3.3.4 注意事项

（1）在监护中出现报警如示波屏上显示一条线或血氧饱和度不显示可考虑。

（2）是否电源线发生故障，或是患者心跳停止。

（3）是否电极或探头脱落。

（4）首先观察病人的情况，心率过快是否与液体速度过快，发热或全身燥动有关；心率过慢是否与呼吸暂停，呼吸浅有关。

（5）要排除干扰。

（6）患儿要静卧，电极板要贴紧。

（7）监护仪要离墙放置。

（8）病床及病员要离开墙壁。

（9）其他电器与监护仪要有一定距离。

（10）地线必须完全接地，避免机器漏电，影响人身安全。

（11）监护仪屏幕每周用95％酒精棉球擦拭。

3.4 多功能呼吸机

3.4.1 作用

替代和改善外呼吸，降低呼吸做功（主要是改善通气功能，对改善换气功能能力有限）。

3.4.2 性能

3.4.3 总述

不仅能对呼吸停止及非常微弱患者实施急救,应用其同步功能还可对有呼吸系统疾病的患者实施急救治疗,应用 SIMV 模式还可完成最终呼吸机的撤离及无创呼吸治疗,是适用于全过程集急救、治疗于一体的多功能呼吸机。

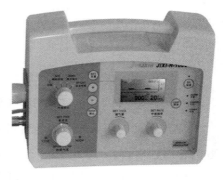

图 3-1　JIXI-H-100C 急救与救护车用多功能呼吸机技术资料

便携主机:微电脑控制,定容,压力触发型多功能呼吸机。

大屏幕液晶监测多参数数据显示。

轻巧美观,主机重量仅为 3.0kg,主要部件均为进口产品。

日本 KSD 电磁阀,美国 holleywell 压力传感器,法国乐可利气动接头。

交直流两用,配备日本三洋高能锂电池组可供机器 8h 工作。

基本结构:由呼吸机主机、2L 铝合金氧气瓶、呼吸回路、野外急救携带包等组成。

3.4.4 功能参数

表 3-1　多功能呼吸机功能参数

多种通气模式:控制(C)、控制/辅助通气(A/C)、同步间隙指令通气(SIMV)、叹息(SIGH)、自主呼吸(SPONT)		
基本功能	参数范围	备注
潮气量(TV)	50~1200mL	连续可调,数字显示
呼吸频率	5~60 次/分(SIMV:1~12 次/分)	连续可调,数字显示
氧浓度(O_2%)	45%~100%	连续可调
同步触发灵敏度	-1.0~0kPa	连续可调,数字显示
吸呼气转换压力	0.4~6kPa	连续可调,数字显示
叹息(SIGH)	每 100 次 1~10 次	连续可调,数字显示
呼气末正压(PEEP)	0~20cmH$_2$O	选配件

3.4.5 适应症

（1）严重通气不足如慢性阻塞性肺部疾患引起的呼吸衰竭、哮喘持续状态，各种原因引起的中枢性呼吸衰竭和呼吸肌麻痹等。

（2）严重换气功能障碍急性呼窘迫综合征、严重的肺部感染或内科治疗无效的急性肺水肿。

（3）呼吸功能下降胸部和心脏外科手术后严重胸部创伤等。

（4）心肺复苏。

3.4.6 使用呼吸机的禁忌症

（1）大咯血或严重误吸引起的窒息性呼吸衰竭。

（2）伴有肺大泡的呼吸衰竭。

（3）张力性气胸病人。

（4）心肌梗塞继发的呼吸衰竭。

3.4.7 使用呼吸机的基本步骤

（1）确定是否有机械通气的指征。

（2）判断是否有机械通气的相对禁忌症，进行必要的处理。

（3）确定控制呼吸或辅助呼吸。

（4）确定机械通气方式（IPPV、IMV、CPAP、PSV、PEEP、ASV）。

（5）确定机械通气的分钟通气量（MV），一般为 10～12mL。

（6）确定补充机械通气 MV 所需的频率（f）、潮气量（TV）和吸气时间（IT）。

（7）确定 FiO_2：一般从 0.3 开始，根据 PaO_2 的变化渐增加。长时间通气时不超过 0.5。

（8）确定 PEEP：当 $FiO_2>0.6$ 而 PaO_2 仍小于 60mmHg，应加用 PEEP，并将 FiO_2 降至 0.5 以下。PEEP 的调节原则为从小渐增，达到最好的气体交换和最小的循环影响。

（9）确定报警限和气道安全阀。不同呼吸机的报警参数不同，参照说明书调节。气道压安全阀或压力限制一般调在维持正压通气峰压之上 5~10cmH_2O。

（10）调节温化、湿化器。一般湿化器的温度应调至 34~36℃。

（11）调节同步触发灵敏度。根据病人自主吸气力量的大小调整。一般为 -2 ~ -4cmH_2O 或 0.1L/s。

3.4.8 呼吸机参数设置、参数效果的监护

（1）呼吸机的参数设置内容如下：

①呼吸频率一般控制在 12~20 次/min。

②潮气量约 8~12mL/kg。

③分钟通气量则取决于潮气量与呼吸频率。

④呼吸比例控制在（1:1）~（1:4）之间较为合理，而生理状态下人体吸呼比为（1:2）。

⑤吸入氧浓度：至少达到空气氧浓度以上，即 21%~100% 之间，在能满足病人需要的情况下，尽量选择低浓度氧，以避免氧中毒的发生。

（2）参数调节注意事项：

①动脉血气：了解患者体内代谢的基本变化。

②气道压力变化。

③是否存在人机对抗，是否有呼吸模式的改变。

④血液动力学及心功能：正确的设置可以改善患者的呼吸肌疲劳及稳定心率、血压。对血压及心率的监测可以指导参数的调节设置。

⑤意识状态：通常正确而有效的呼吸机设置能够使患者趋于平稳和安静。

（3）参数设置策略：

对于不同的病人，机械通气设置应该考虑到其个体状况，制订个性化的机械通气方式。

①正常病人：即术中全麻患者或非肺部疾病而采取机械通气的病人。应采用大潮气量低频率的通气模式，该模式下，相同的分钟通气量时，肺泡有效通气量

更大，故在大潮气量低频率时呼吸效率更高。并且使患者呼吸做功更少，正常病人应采用大潮气量低频率通气模式。

②慢性肺疾病：慢性肺病肺顺应性及气道阻力下降，应采取中度潮气量低呼吸频率策略。因为该类病人通气阻力升高肺顺应性下降，故中等潮气量低频率能够使每一次吸气时间相对延长，从而保证：a. 吸气相气道压力平缓；b. 促使在吸气时，气流能有效而充分的在肺内分布；c. 呼气相时，气体能够有效的从肺部呼出。故这类病人应采取中等潮气量低频率的通气方式。

③慢性限制性肺疾病：如慢性肺纤维化患者，由于其限制性因素导致肺总量和残气量减低，故采取较低潮气量较高频率方式较为妥当，从而保证预设分钟通气量的同时，亦能避免过高的气道压力。

而对于严重肺疾病如 ARDS 患者，则应采取更低潮气量，如潮气量小于 8mL/kg（一般设置于 6mL/kg），伴随更高呼吸频率，从而达到小潮气量高频率的通气方式。对于此类病人采用高 PEEP 通气改善肺部的水肿，从而使不张的肺充分复张。

综合不同的疾病，不同的病理生理状态，应当选择适合每位患者的具体通气方案的参数，即对于不同的病人应该采用不同的通气策略。

（4）参数效果监测：

了明确机械通气各项参数的设置效果，逐渐达到最佳设置状态，通常需要一些监测指标来确定机械通气参数设置是否合理。

①气道压力监测：气道压力不宜过高，防止气压伤的发生。若发生气道压力过高，则考虑是否要调整潮气量或呼吸频率以改变吸呼比。如若气道压力过高伴气道阻力增加，可以将吸气时间延长，或采用反比通气方式以调整压力值。同时，也要防止气道压力过低，压力过低考虑是否有潮气量的不足或设置错误。

②动脉血气：动脉血气通过检测患者 pH 值变化及氧分压、二氧化碳氧分压的变化来监测患者通气是否得到改善。

③经皮血氧饱和度：更直观、动态的观察所设置合理性及有效性。

对于一个有效的机械通气而言，预设值一定要在监测指标下确定其效果。每个患者的个体差异也提示广大医务工作者需要时刻关心监测指标的变化。

3.5 负压吸引器

3.5.1 作用

利用负压原理把痰液、口腔分泌物等液体状物质排出体外。

3.5.2 性能

MC-600D 负压吸引器：

（1）无污染，流量大，工作效率高；

（2）压值由 0.01~0.08MPa 可连续调节，瞬时抽气速率可达 20L/min，适合临床对不同患者的使用要求；

（3）动态数字显示负压值，直观、准确，工作状况一目了然；

（4）新部结构，绝无产生正压的可能，确保可靠，使用安全；

（5）新型无毒透明材质的 1000mL 液瓶及防溢流保护装置，更便于观察和清洗。

3.5.3 性能指标

抽气速率：20L/min；

极限负压：0.8bar/600mmHg；

输入功率：≤60VA；

显示方式：液晶显示；

电源：AC220V/DC12V；

噪声：≤55dB（A）；

溶液量：1L。

3.5.4 适应症

适用于因疾病、昏迷、手术等自主排痰困难的患者。

3.5.5 用途

用于急诊抢救和急救车装备的需要。

3.6 真空担架（图3-2）

图3-2 真空担架示意图

3.6.1 作用

使用真空负压原理，快速使病人躯体处于固定状态的装置。

3.6.2 性能

在急救现场，可以在1min内把全身多处骨折的病人固定妥当，避免非医务人员或紧急情况下盲目搬运而造成的颈椎和脊椎二次损伤，大大提高救援效率，有效减轻病人伤痛。同时可以实现客运、海运、空运等多种运转方式。采用轻质保暖PVC绝缘材料有效减少病人负重及热量散失，且不影响X光与磁共振检查，可在-34~80℃的环境中使用，同时担架配有10个把手，方便病人搬运。在有溺水的紧急状况下正压充气后可用作水上救生浮垫，实现水陆两用价值。

3.6.3 规格与参数

展开尺寸：约194cm×87cm×5cm。

折叠尺寸：68cm×53cm×30cm。

重量：6kg；承重159kg。

3.6.4 适应症

多处骨折的病人，有溺水的紧急状况下正压充气后可用作水上救生浮垫。

3.6.5 用途

病人转运，溺水救生。

3.7 车载中心供氧系统

3.7.1 作用

通过吸氧提高动脉血氧分压和动脉血氧饱和度，增加动脉血氧含量，纠正各种缺氧状态，促进组织的新陈代谢，维持机体生命活动。

3.7.2 性能

$2\times 10L$ 氧气瓶，管道供氧，壁座插口2个，可同时接湿化瓶及呼吸机。

3.7.3 适应症

（1）呼吸系统病损，影响肺活量；

（2）心脏功能不全，肺部充血、淤血致呼吸困难；

（3）中毒，使氧不能通过血-氧交换渗入组织而产生缺氧；

（4）昏迷，如脑血管意外；

（5）术后病人、休克或颅脑疾患等。

3.7.4 用途

用于现场急救、转运病人。

第4章 急救设备常见故障的排除方法

4.1 PRIMEDICTM 便携式除颤监护仪

在仪器使用前必须确保仪器的安全性能和工作状态是否正常，出现异常，禁止使用；在使用时出现故障或异常情况，应立即将除颤仪交由授权的技术服务人员检查，必要时修理，不存在由使用者维修的部件。

4.1.1 常见故障的排除

打开电源开关，无电源指示且主机不工作：检查电池，更换备用电池是否工作，如不工作送维修站维修。

4.1.2 维护与保养

（1）保持除颤仪清洁。可用普通的家用洗涤剂和干净的潮湿抹布（不滴水）清洁，可用普通消毒剂对手柄电极进行消毒。

（2）检查配件和外壳是否损伤（除颤仪、充电座、电池）。

（3）检查心电导连线和手柄电极馈线是否损坏。

（4）清洁手柄电极上的剩余凝胶和污迹，确保儿童和成人用电极间的良好接触和防止产生电火花。

（5）清除打印机盖板内积存的污垢。

（6）当外壳损伤或漏电现象时，必须立即送到维修站修理。

（7）随时充电，处于备用状态。

（8）检查导电凝胶、心电图纸，处于应急状态。

(9) 定期检查器械设备，检测除颤仪性能，处于完好状态。

(10) 确保电源接触良好。备用电池处于良好状态。

4.2 九久信 JIXI-H-100C 车载便携式呼吸机

4.2.1 常见故障的排除（表 4-1）

表 4-1 呼吸机可能出现故障一览表

故障现象	可能导致故障原因及因数分析		解决方法	实施者
打开电源开关，无电源指示且主机不工作	当使用交流电源转换直流电源直接供电时	电源插座无电	送电到插座上	专业电工
		电源开关档位不对	将开关拨至所需档位	操作者
		充电直流电源损坏	更换或购买	操作者
	当使用内置电池时	电源开关档位不对	将开关拨至所需档位	操作者
		内置蓄电池已完全失效	更换或购买	专业人员
	当使用后备电源时	后备电源无电	检查后备电池电压	操作者
		后备电池未与主机连接好	重新插好后备电池	操作者
	其他	电源开关坏	与生产厂家联系维修	专业人员
		内部线路短路或断路		
		其他		
开机后有电源指示，但无气体输出	气路部分故障	无气源输入	将符合要求的气源接上	操作者
		管道脱落或堵塞	清洗、疏导管路	操作者
	电路部分故障	电池阀不工作	与生产厂家联系维修	专业人员
		当使用电池供电时，电池严重欠压		
		其他		

续表

故障现象	可能导致故障原因及因数分析		解决方法	实施者
开机后，功能正常，出现"气道压力上限"或者"气道压力下限"报警	气路	气源压力过高或过低	调节减压阀，使输入气源符合要求	操作者
		管道开路或堵塞	检查管路，并排除	操作者
	电路	气道压力不准	与生产厂家联系维修	专业人员
		其他		
	操作不当	报警设置不当	重新设置	专操作者
		潮气量设置不当		

4.2.2 维护与保养

（1）输入气源压力范围为 0.4~0.45MPa，使用前，应检查气源压力是否满足要求。否则，压力过高或过低将影响吸气流量。

（2）由锂电池直接供电使用，应先检查电池是否欠压。在使用过程中，若发现电池欠压报警，表明电池电量已不足，此时该电池还可继续使用 1~2h，应及时使用交流电充电或后备电源。否则电压过低时将造成机器工作不稳定并影响电池寿命。

（3）空气进口位置应保持气流通畅，不能有任何可能有碍于气体正常流动的遮挡。空气进口应能保证其吸进的空气是清洁的。

（4）呼吸机在长期不使用时，应保存在干燥、通风良好的环境中，环境湿度为 -40℃~+55℃，相对湿度不超过 85%，空气中无腐蚀性气体，需避免强功率电磁干扰。

（5）不要放置在阳光直晒的地方，远离热源。

（6）清洗、消毒。

在正常使用过程中，外部管道部分应根据患者情况及时清洗、消毒，一般 10h 需清洗、消毒一次，整机应每使用一病人，都应清洗、消毒一次，当长期不用时，每隔半年应清洗、消毒。

主机清洗，用湿纱布轻轻擦净，附件清洗，先用肥皂水、洗洁净、洗衣粉等溶液进行清洗，然后再用清水清洗干净、晾干。

消毒：可在开机条件下通入过氧乙烷气体 5~10min 即可。

（7）定期通电试验，并开机检查，运行时间不低于 5min。

4.3 MC-600 型负压吸引器

4.3.1 简单故障及排除（表 4-2）

表 4-2 吸引器简单故障一览表

故障	检查	处理
指示灯不亮，泵不工作	电源线连接是否可靠	连接可靠
	电压是否正常	调节电压
	熔丝管是否损坏	调换熔丝管
	电路和泵是否正常	由专业维修人员检修
极限负压值低	瓶口是否盖紧	盖紧储液瓶盖
	管路连接有无漏气	连接牢固
其他故障由有资质的专业人员维修		

4.3.2 维护与保养

（1）为保证有效地抢救和治疗，医务人员需经相关培训后按照操作规程使用。

（2）对老年人、心脏病、其他综合症等特殊患者使用由医务人员根据实际情况判定并慎重操作。

（3）在移动、工作、清洗消毒及存放过程中应水平平稳放置，保持环境通风良好，无高温、高压及腐蚀性气体，避免震动与磕碰。

（4）保持干燥，不得浸水刷洗。电源插头、开关及电源插孔在潮湿、溅水时请勿使用。

（5）开机前应使储液瓶口向上装牢，各接口、插头部位管路连接要牢固，不得松动、漏气。

(6) 为保持储液瓶的透明度和清洁，应及时清洗并不能用硬物擦碰储液瓶。

(7) 吸痰过程中，当液体达到警示线时应及时停机，关闭电源，清理后再使用。

(8) 检查、更换熔丝管须在机器断电时进行。

4.4 车载中心供氧系统

4.4.1 常见故障

(1) 氧气瓶接口漏气：检查接口是否密封，重新进行密封连接。

(2) 无氧气输出：检查是否打开氧气瓶开关，湿化瓶与插座是否连接可靠。

(3) 输出氧气压力过低：检查氧气瓶压力，管路是否漏气。

4.4.2 维护与保养

(1) 严格遵守操作规程，注意用氧安全、防火、防油，严禁在车内吸烟。

(2) 用氧完毕时关闭氧气开关后排空管道内压力。

(3) 连续用氧时，湿化瓶内无菌蒸馏水应每日更换一次。定期消毒湿化瓶及更换氧气管道。

(4) 定时检查氧气压力、管道的密闭性。

4.5 真空担架

4.5.1 维护与保养

(1) 在使用过后，最好使气垫保持自然状态，能延长使用寿命。在低温（$-15 \sim 20$℃）时，使用负压时间不得超过1h，尽快使其保持自然状态。否则有造成折裂的可能。

(2) 使用过后，使用洗涤剂清洗表明后擦干，收入包内备用。

(3) 避免以尖锐物品、利器相接触。

4.6 数字式十二道心电图机常见提示信息与维护

4.6.1 提示信息（表4-3）

表4-3 静态心电提示信息一览表

提示信息	引发原因
导联脱落	电极从病人身上脱落
记录仪缺纸	没有安装记录纸或记录纸用完
纸张错误	纸张没有正确安装
电池电量低	电池电量低
自动周期进行中	系统正在进行采样模式
正在学习中	触发采样模式下心律失常算法的自学过程
正在传送	自动模式下心电数据正在通过以太网或串口传到PC机
传送失败	自动模式下心电数据通过以太网或串口传送失败
正在检查	触发采样模式下心律失常数据的检查过程
内存已满	SE-12的文件管理窗口中，病人数据达到100例 SE-12Express的文件管理窗口中，病人数据达到200例
正在采样/正在分析/正在记录	正在进行数据采集/正在进行数据分析/正在记录心电数据
模块错误	前端信号采集模块错误
Demo演示	系统处于演示状态
信号过载	加在某以导联电极上的直流偏置电压过大
USB打印机	心电图机USB接口2连接上USB打印机
U盘	心电图机USB接口2连接上U盘

表 4-4 运动心电提示信息一览表

提示信息	引发的原因
电池电量低	电池电量低
记录仪缺纸	没有安装记录纸或记录纸用完
模块错误	前端信号采集模块错误
Demo 演示	系统处于演示状态
X 导脱落	电极从病人身上脱落
信号过载	加在某以导联电极上的直流偏置电压过大
无试验	没有进行运动测试
试验中	运动测试正在进行中
试验终止	运动测试已经结束
心率超限	病人当前的心率超过目标心率
收缩压超限	病人当前的收缩压超过了设定的范围
舒张压超限	病人当前的舒张压超过了设定的范围

4.6.2 仪器清洁、消毒及保养

1) 清洁

清洁仪器时必须关掉电源，如果使用交流供电必须断开交流电源，取下交流电源电缆和患者电缆。

（1）主机和患者电缆的清洁。

将柔软干净的无绒布用温和的肥皂水、或在无腐蚀性的洗涤液中浸湿，擦拭心电图机和患者电缆表面，用干净、干爽的软布清洁。

（2）电极的清洁（静态心电）。

使用完电极后，用洁净的软布将导电膏擦掉，将胸电极的橡皮球与金属杯拆开，将肢体电极的电极片与夹钳拆开，在干净的温水（低于35℃）中清洗，确保没有残留的导电膏；自然风干或用洁净、干爽的软布清洁。

（3）打印头的清洁。

热敏记录头表面的污迹和脏污会影响记录的清晰度，因此应每月至少一次清洗记录头表面。

打开记录仪盒盖，有记录纸时取出记录纸卷，用蘸有少量75%酒精的干净软布轻轻擦拭记录头表面，对顽固的污渍可用少许酒精浸润，再用干净的软布擦去，自然风干后，放入记录纸，合上记录盒盖。

2）消毒

（1）不要使用高温、高压蒸汽、电离辐射的方法进行消毒；

（2）不要使用含氯消毒剂，如漂白粉、次氯酸钠等。

3）日常维护与保养

（1）电池的充电与更换。

（2）记录仪和记录纸的保存。

①记录纸应保存在干燥阴凉处，避免高温、潮湿和日光直射；

②避免长时间放置在荧光灯下；

③记录纸的储存环境不能有聚氯乙烯塑料，否则会导致记录纸变色；

④不要长时间重叠压放已经记录波形的记录纸，否则记录波形可能互相转印。

（3）主机、导联与电极的保养

①主机。

a. 应避免高温、日晒、受潮、尘土及撞击，不用时盖好防尘罩；移动时应避免剧烈震动；

b. 防止液体渗入仪器内部，影响仪器的性能与安全；

c. 应请医疗仪器维修部门定期检测心电图机的性能。

②导联。

a. 必须定期检查患者电缆和导联线的完整性，并确定其导通情况良好；

b. 使用时尽可能将导联线理顺，避免打结；

c. 患者电缆的芯线或屏蔽层容易损坏，尤其是靠近两端的插头处，使用时切忌用力牵拉或扭转，应该用手捏住插头部分；

d. 电缆和导联在收藏时应盘成直径较大的圆盘，或悬挂放置，避免扭转或锐角折叠；

e. 如果发现电缆和导联线受损或老化，应更换新的电缆和导联。

③电极（动态）。

a. 电极使用完后，必须进行清洁，避免导电膏残留；

b. 胸电极的橡皮球应避免日光直晒或过热；

c. 电极在长时间使用后，由于腐蚀等原因，电极表面会氧化并变色，这时应更换新的电极以获得好的心电记录。

4.7 多参数监护仪简单故障排除及维护

4.7.1 心电故障现象与排除

1）不准确的心率或错误的心律异常

（1）检查患者的心电信号；

（2）检查/调节导联的放置；

（3）检查/进行皮肤清洁处理；

（4）检查/更新心电电极片；

（5）检查心电波形的幅度是否正常。

2）无心电波形

（1）接上导联线而无心电波形，显示屏上显示"电极脱落"或"无信号接收"；

（2）检查电极片是否与人体接触不良，导联线是否断路；

（3）检查所有心电导联外接部位，与人体相接触的五根线到心电电缆插头上相应的五根触针之间，应接通，若不导通则表明导联线断路，更换导联线；

（4）检查心电电极片，长时间使用产生极化电压，需要更换心电电极片；

（5）如心电显示波形通道显示"无信号接收"，则表示心电测量模块与主机通讯有问题，关机再开机后仍有此提示，与供应商联系。

3）心电基线漂移

心电扫描基线不能稳定在显示屏上，时而漂出显示区域。

检查监护仪使用环境是否潮湿，监护仪内部是否受潮，若是，将监护仪连续开机24h，自身排潮，同时保持干燥的使用环境。

检查电极片质量如何以及人体接触电极片的部位是否清洗干净，更换良好的电极片，清洗人体接触电极片的部位。

4.7.2 血氧故障现象及排除

1）无血氧数值

故障现象：在监护过程中，无血氧波形与数值。

检查方法：检查手指探头有无红色光闪，被检者手臂是否有压迫，监护室内湿度是否太低。

解决方法：手指探头内如无红光闪动，可能是导线接口接触不良，检查延长线和插座接口部位。气温冷的地区，尽量不让病人手臂暴露在外以免影响检测效果。不能在同一侧手臂进行血压和血氧测量，以免手臂被压迫而影响测量。

2）血氧值断续

故障现象：测量人体血氧饱和度时，血氧值时有时无。

检查方法：做长期监护和手术时，病人有震动或过分的运动，造成血氧值断续。检查血氧延长线。

3）无信号接收

故障现象：血氧显示波形通道显示"无信号接收"。

解决方法：血氧模块与主机通讯有问题，请关机后再开机，若仍有此提示，则需与供货商维修点联系。

4）搜索超时

故障现象：血氧显示波形通道显示"搜索超时"。

解决方法：请检查血氧探头是否松动或更换一个手指再进行测量。如上述方法还不能解决，请重插血氧探头，关机后再开机，若仍有此提示，则需与供货商维修点联系。

监护仪常见故障及解决方法见表4-5。

表4-5 监护仪常见故障及解决方法汇总

信息来源	异常波形	原因及解决方法
Resp	呼吸干扰	模块的电路受到干扰，重新开机，如不能解决，联系维修人员
Temp	温度无显示	温度传感器未接或脱落，检查传感器的连接情况
NIBP	袖带漏气	袖带漏气或管路漏气
	过压保护	气路可能发生堵塞，检查气路，然后重新测量
	测量超时	测量时出现故障，系统无法进行分析计算，检查病人状况、检查连接状况或更换血压啊袖带，然后重新测试
CO_2	气管堵塞	检查附件气管有无异物堵塞或缠绕打结
	气管未接	检查气管是否连接良好
	检测错误	检查附件连接正确，重新开机。如果故障仍在联系维修人员
	未测量数据	
	水盒未接	检查水盒连接情况
	水盒堵塞	
记录仪	不打印	首先检查记录仪中是否缺纸。如果不行，开机重试，如问题仍在，联系维修人员

4.7.3 维护与保养

4.7.3.1 清洁

可以应用各种方法和材料多监护仪及它的传感器和附件进行清洁、杀菌、或为防止交叉感染而进行处理。对监护仪进行清洁、除菌或处理前，要将监护仪关闭，同时断开与交流电源的连接。不要用强溶剂，绝对不要将新系统的任何部分浸泡在液体中，不要让液体进入监护仪内部。监护仪任何部分均不可使用丙酮来清洁。如有变质或损坏的迹象，更换电缆。此种情况不要用此电缆监护。

1）清洁的步骤

（1）关闭监护仪，断开与交流电源的连接；

（2）清洁主机外部；

(3) 清洁显示屏幕；

(4) 清洁电缆和传感器；

(5) 将清洁的部分用干爽的布擦干或风干。

2) 清洁主机外部

(1) 用预先浸有软性洗涤剂的布擦拭主机外表面；

(2) 用洁净的布擦干。

3) 清洁显示屏

(1) 用 10% 的漂白液或肥皂和水擦拭显示屏；

(2) 用洁净的干布擦干；

(3) 切勿将任何液体泼溅到监护仪上，勿让液体流入监护仪接口或通风口内。如果不小心将液体泼洒到监护仪上，应立即用干布擦干，切勿让液体流入监护仪内部，情况严重的话，应立即关机，然后请专业人员检修。

4) 清洁电缆

(1) 请用抗菌肥皂水或酒精擦拭电缆外表面，注意不要使液体流入电缆插接处；

(2) 用洁净的干布擦干。

5) 记录仪的清洁

(1) 清洁人员，做好防静电措施后，打开记录仪的门，取出记录纸；

(2) 用一块干净的布条（而非纸条）缠住橡胶辊轴，拉动布条穿过辊轴；

(3) 打开记录仪的门，将纸穴用干净的布轻轻擦拭干净；

(4) 用棉球沾取适量的酒精，然后轻轻擦拭打印头热敏部件的表面；

(5) 等酒精完全干燥后，重新安装记录纸，关闭记录仪的门。

3.7.3.2 清洁心电传感器

1) 清洁 ECG 电缆

为了保持电缆无尘土，要把它用一块在温肥皂水（最高 40℃）中在稀释的非腐蚀性的洗涤剂中或使用下列认可的清洁剂之一中浸泡的无绒布进行清洁。

推荐清洁剂：

(1) 肥皂 温和性肥皂；

（2）Tensides 洗碗碟机用的洗涤剂：Alconox；

（3）氨水　稀释氨水＜3%，窗户清洁剂；

（4）乙醇乙醇 70%，异丙醇 70%，窗户清洁剂。

2) ECG 电缆的杀菌

为避免对电缆造成长期的损害，建议认为有必要时才对电缆进行杀菌，首先进行清洁。

杀菌材料：①乙醇基乙醇 70%，异丙醇 70% ②乙醛基 Clidex

3) 处理 ECG 电缆以防止交叉感染

注意不要用高压锅或含次氯酸钠的漂白剂对电缆消毒。

3.7.3.3　清洁血氧传感器

1) 清洁传感器

（1）用温和的洗涤剂溶液、盐水溶液（1%）或下列溶剂中之一来清洗传感器的外表：Microzid（纯）、Mucocit（4%）、Incidin（10%）、Cidex（纯）、Sporicidin（1∶16）、Mucaso（3%）、Buraton（纯）、Alcohol（纯）、Alconox（1∶84）、Cetylcide（1∶63）。

（2）用一块干布擦洗传感器的外表，让它干透。

（3）用沾有洗涤剂或医用酒精的软布擦拭传感器的发光和接收部分，再用干布擦干。

（4）检查传感器与电缆。如有变质或损坏的迹象，就不能再使用。

2) 清洁电缆

（1）用抗菌肥皂水或酒精擦拭电缆外表面，注意不要使液体流入电缆插接处。

（2）用洁净的干布揩干。

注意：请勿将传感器泡在任何液体中或使液体浸入电器连接部分。

3.7.3.4　清洁 NIBP 袖带

1) NIBP 袖带

（1）袖带每次使用后应用温和的肥皂水清洗干净以备下次使用。

(2) 水与清洁液不允许进入侧面板的 NIBP 连接插座中去，因为这样会损坏设备。

(3) 当清洁袖带时要防止液体意外进入管道而吸入到测量服务器中去。

2) 重复使用的袖带的清洁与处理

(1) 清洗袖带：

①拿掉橡胶袋；

②在去污溶液中清洗袖带；

③漂洗袖带并让它在空气中晾干；

④重新插入橡胶袋；

⑤袖带不能干洗。

(2) 处理袖带防止交叉感染：

①拿掉橡胶袋；

②用常规的高压消毒，在热空气炉内进行气体或放射消毒，或浸入异丙醇（70%），乙醇（70%）杀菌溶液中杀菌；

③如果用浸入溶液来处理袖带以防止交叉污染，必须让袖带干透；

④重新插入橡胶袋。

3) 橡胶袋插入袖带

(1) 在软管的方向从两侧将橡胶袋卷起。

(2) 把卷起的橡胶袋，首先是软管，插入袖带短的一侧开口。

(3) 握住软管与袖带并摇动整个袖带到橡胶袋到位为止。

(4) 检查袖带与软管。如有变质或损坏迹象，不能使用。

3.7.3.5 保养

可以用于各种方法和材料对监护仪及它的传感器和附件进行消毒、杀菌或为防止交叉感染而进行处理。

每年应由有资格的专业人员定期对监护仪进行校准和维护保养。

3.7.3.6 防止交叉感染

处理袖带防止交叉感染：

（1）拿掉橡胶袋。

（2）用常规的高压消毒，在热空气炉中进行气体或放射消毒，或浸入异丙醇（70%），酒精（70%）杀菌溶液中杀菌。

（3）如果浸入溶液法来处理袖带防止交叉感染，必须让袖带干透。

（4）重新插入橡胶袋。

4.8 SC–ⅠA/SC–Ⅱ型自动洗胃机

4.8.1 简单故障分析与排除（表4–6）

表4–6 洗胃机简单故障及处理办法汇总

故障	检查	处理
指示灯不亮，机器不工作	电路连接是否可靠	连接可靠
	电压是否正常	调节电压
	熔丝管是否损坏	调换熔丝管
不吸液（净水和胃液）或吸液量少	管路连接有无漏气	连接牢固
	进水口沉头滤网是否有异物或堵塞	清除干净
	胃管、管路、接头等管径过细，造成吸液不足或堵塞	更换调整管路，选用标准胃管和接头
	机内容器被污物堵塞	未及时清洗造成。打开机壳和容器盖，清除污物后封好，不得漏气
	泵工作正常	由专业人员检修
不进胃或不排液	机内容器被污物堵塞	清理容器
	泵或电磁阀不工作	由专业人员检修
	换向缸不工作	
	光电开关不工作	
液量平衡键不工作	检查数码管电路	由专业人员检修
计数有误	检查数码管电路	由专业人员检修

4.8.2 维护与保养

4.8.2.1 清洗和消毒

抢救过病人后,洗胃机及液管、胃管等附件应及时、严格消毒、清洗。

将连接于"接胃口"上的液管另一端放入一容积大于3000mL盛有净水的容器内,其他管路不动,并保证净水桶内有充足的水源。打开工作开关让机器工作4~5次清除管路内污物。然后将3根液管端部同时侵入盛有2000mL有效的消毒液和油污清洗剂的容器内,开机循环20次左右即可。随后用净水循环2~3次清洗管路。

机壳外表面可用浸过消毒液的抹布擦拭消毒。

4.8.2.2 注意事项

(1) 在移动、工作、清洗消毒及存放过程中应水平平稳放置,保持环境通风良好,无高温、高压及腐蚀性气体,避免震动与磕碰,电器接口处应防止溅水并不得在机器潮湿时使用。

(2) 洗胃机采用微电脑控制,在强磁场干扰的情况下有可能出现死机现象,这时请关闭电源开关,稍后在打开,机器即可重新启动。

(3) 各接口、接头部位管路连接要牢固,不得松动、漏气。不要使用小管径联通器(或滴定管)连接管路,以免因管路阻力增大影响洗胃效果。

(4) 工作中应尽量减少胃液、洗胃机和病人间的高度差,以减小液位压力差对压力检测系统的干扰。

(5) 每次洗胃工作结束后及时进行清洗消毒,以免机内油污沉淀影响机器再次使用,同时预防交叉感染。机器不用期间,每隔1d或2d要开机运转2~3min,以保证机器随时处于良好状态。

(6) 机器在试用期间,应定期检查进出胃压力,液量和控制状态等是否正常。不要带故障运行以免影响急诊抢救。

第5章 个人安全装备的使用和维护

5.1 正压式空气呼吸器的使用及维护

正压式空气呼吸器是一种隔绝式呼吸保护装备,为进入缺氧,有毒有害气体环境中工作的使用者提供呼吸保护。正常使用时,呼吸器面罩内的压力始终略高于外界环境压力,能有效防止外界有毒,有害气体侵入面罩内,保障使用者安全。

5.1.1 正压式空气呼吸器的结构

在现场作业中通常使用6.8L和9L碳纤维复合气瓶。

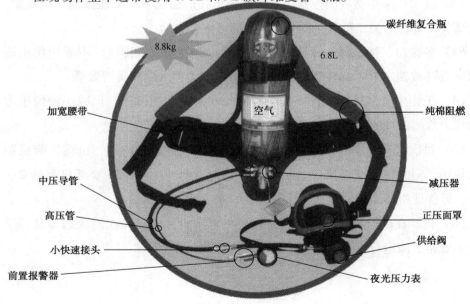

图 5-1 正压式空气呼吸器的结构

5.1.2 正压式空气呼吸器的操作步骤

1）使用前的快速检查

（1）目测检查是否有机械损伤。

（2）把气瓶阀打开 2~3 圈，检查气瓶内的压缩空气是否达到要求压力（28MPa 以上）。

（3）关闭瓶阀，打开供气阀，检查中压管、高压管、减压阀、供气阀等设备是否有泄漏。

（4）按下供气阀中间的按钮，排空整个系统压力。

（5）观察压力表下降到（5.5±0.5）MPa 左右时，报警哨是否报警。

2）佩戴步骤

（1）佩戴空气呼吸器时，先将快速接头拔开（以防在佩戴空气呼吸器时损伤面罩），然后将空气呼吸器背在人身体后（瓶头阀在下方），根据身材调节好肩带、腰带，以合身牢靠、舒适为宜。

（2）连接好快速接头并锁紧，将面罩置于胸前，以便随时佩戴。

（3）将供给阀的进气阀门置于关闭状态，打开气瓶阀，观察压力表压力数值，并估计使用时间。

（4）佩戴好面罩（可不用系带）进行 2~3 次的深呼吸，感觉舒畅，屏气或呼气时供给阀应停止供气，无"丝丝"的响声。一切正常后，将面罩系带收紧，使面罩和人的额头、面部贴合良好并气密，此时深吸一口气，供给阀的进气阀门应自动开启。

3）使用后的操作步骤

（1）按下供气阀两边的卡式按钮取下供气阀（供气阀自动停止供气），必须装在腰带的供气阀座上（防止卸下呼吸防护设备时损坏供气阀）。

（2）板松面罩束带扣，由下而上卸下面罩。

（3）松开腰带。

（4）把整套设备卸下。

（5）关闭气瓶阀。

（6）按下供气阀中间的按钮，给整个呼吸防护系统卸压（必须做）。从而保护呼吸保护系统，延长设备使用寿命。

5.1.3 使用后的维护及保养

（1）检查设备是否有机械损伤。

（2）每次使用后，呼吸设备上脏的部件必须用温水和中性清洁剂进行清洗。束带可以从背架上完全卸下进行洗涤消毒，要求清洗剂不含任何腐蚀成分。

（3）在对呼吸保护装置消毒、清洗后所有装置必须在 5~30℃ 之间进行自然干燥，不要接触任何热辐射源如：阳光曝晒、火炉、任何加热装置等。

（4）在每次清洗、消毒后都必须重新检验其各项功能指标。

（5）将呼吸器储存在干燥低温的环境中，避免阳光直射，将气瓶充气，装箱以备下次使用。

5.1.4 注意事项

（1）使用人员必须接受过呼吸防护设备的操作培训。

（2）不要单独作业（至少 2 人一组）。

（3）在进入危险区域之前，气瓶压力必须达到额定压力的 80%。

（4）高压空气不能直接作用于身体的任何部分。

（5）面罩必须保证密封，面罩与皮肤之间无头发或胡须等。

（6）压力表固定在空气呼吸器的肩带处，随时可以观察压力，一旦听到报警声，应准备结束在危险区工作，并尽快离开危险区。

（7）应尽量避免人为的损坏。尤其是瓶阀的关闭不要用力过猛（开几圈关几圈），以免造成瓶阀阀心的变形损坏和下一个使用者无法打开瓶阀，影响正常操作与设备的使用寿命。

（8）呼吸保护装置必须有专人进行管理，专人负责保养和维护。

（9）呼吸防护设备定期检验，并做好检验后的登记工作。

5.2 气体检测仪的使用

硫化氢检测仪是专用的安全卫生检测仪，用来检测化学品作业场所或设备内部空气中的可燃或有毒气体和蒸气含量并超限报警。针对高含硫的生产现场,救护人员必须配备硫化氢检测仪,用于检测暴露在极端环境中危险气体硫化氢的浓度,旨在保护人员安全。

5.2.1 硫化氢检测仪的零部件

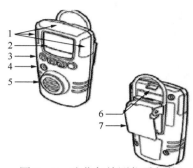

图 5-2 硫化氢检测仪零部件

1—视觉报警;2—显示屏;3—按钮;4—声音警报;
5—传感器和传感器屏幕;6—红外通讯端口;7—夹扣

5.2.2 硫化氢检测仪的基本操作

表 5-1 硫化氢检测仪基本操作表

按钮	描 述
ⓞ	・要打开检测仪,请按 ⓞ ・要关闭检测仪,请按住 ⓞ 5s ・要启用或禁用置信嘟音,在启动时按住 ◯然后按 ⓞ
▼	・要使显示值减少,请按 ▼ ・要进入用户选项菜单,同时按在 ▼ 和 ▲ 5s ・要开始校准和设置警报设定值,请同时按 ▲ 和 ◯
▲	・要使显示值增加,请按 ▲ ・要查看 TWA,STEL 和最大气体浓度,请同时按 ▲ 和 ◯
◯	・要保存显示值,请按 ◯ ・要清除 TWA、STEL 和最大气体浓度,请按住 ◯ 6s ・要确认收到锁定的警报,按 ◯

5.2.3 检测仪的维护

（1）定期校准、测试和检查检测仪。

（2）保留所有维护、校准和警报事件的操作日志。

（3）使用柔软的湿布清洁仪器表面，请勿使用溶剂、肥皂或上光剂。

（4）勿将检测仪侵入液体中。

第6章 院前急救的内容和方法

6.1 首诊负责制度

根据普光气田高含硫的特点,进入现场应首先做好个人防护,确保自身安全。首先到达现场,并接诊伤(病)员的医生为首诊医生,首诊医生在现场应做到:

(1) 详细询问伤(病)情,认真体检,对伤(病)情进行正确的评估、诊断,并积极的抢救、治疗。及时将现场的情况向站领导及119指挥中心报告。

(2) 在突发事件,多人受伤的情况下,立即向有关领导、站领导及119指挥中心汇报,需要请求医疗援助时,须及时联系。并对伤病员进行检伤、分类,左胸前佩戴标识卡;对危重伤员进行积极救治。

(3) 严格按急救原则进行救护:先救命,后治伤(病),先救重,后治轻。

(4) 对需要转运的病员,要积极联系相关医疗机构,并负责或安排专人护送,转运途中继续积极救治,做到监测不中断,治疗不中断,抢救不中断,观察病情变化。到达接诊医疗机构后向接诊医生介绍病情及诊治情况。

(5) 抢救过程中,及时做好用药、诊治、抢救等各种记录,或在抢救结束后,及时记录。

6.2 现场急救的处置方案

6.2.1 病人分类

1) 现场伤员分类

概念:是保证加快伤病员救治和转运速度的一种有效组织手段。其主要目的是快速、准确地判断病情,掌握救治重点。确定救治和运送的次序。

目的:提高抢救效率,提高伤员存活率。

要求:边抢救边分类:分类工作是在特殊而紧急的情况下进行的,不能耽误抢救。

指定专人承担:分类工作很重要,应由经过训练、经验丰富、有组织能力的人员承担。

分类依次进行:分类应依"先危后重,再一般(小伤势)"的原则进行。

分类应快速:准确、无误。

分类标准:以现场处理时间先后为标准分类。

以伤病员病情轻重程度为标准分类。

两种分类方法既有区别又有联系,结合使用效果更好。分类时要抓住重点,以免耽误伤病员的抢救时机,判断方法可参照病情评估及程序进行,判断一个伤病员应在 1~2min 内完成。

2)现场分类法

急危重伤病员情况多种多样,难以制定统一的评估程序,但评估的共同目的是要迅速找出主要矛盾,也就是能短时间内找出可危及伤病员生命的问题。为了便于记忆,建议使用 ABCDE 的程序,当然这些评估几乎是同时进行的。

(1)A(Ariway)气道:检查伤病员的气道是否通畅,如有无舌根后坠堵塞喉头、口腔内异物及血液分泌物等。此时应首先托起下颌使舌根上抬、取出异物、清除分泌物及积血。

(2)B(Breathing)呼吸:

一看:有无胸廓起伏动作。

二听:伤病员鼻部有无呼出气流。

三感觉:用脸颊感觉有无呼出气流。

(3)C(Circuiation)循环:有无颈动脉搏动。

(4)D(Decision)决定:根据对呼吸、循环所做出的初步检查,迅速对伤病员的基本情况做出评估,并决定要进行哪些紧急抢救措施。

(5) E (Examination) 检查：神经系统：意识、瞳孔。如病情需要和许可，再做进一步检查。从头、躯体、小腿和足。急危重伤病员的检查务求简单扼要、突出重点。

3) 伤病员分类卡

检伤分类：伤病员挂上分类卡。

目的：使参加抢救的医务人员按分类卡片进行相应的处理。

卡片上项目包括：伤病员姓名或编号、初步诊断。

常挂在伤病员的手腕部或胸前。

分类颜色：蓝（绿）色——轻伤病员

黄色——重伤病员

红色——危重伤病员

黑色——死亡人员

4) 现场急救区的划分

收容区：伤病员集中区。在此分类并挂上分类标签。并提供必要的紧急复苏等。

急救区：用以抢救危重伤病员（红色卡、黄色卡），在此作进一步抢救工作，如对休克、呼吸及心搏骤停者进行生命复苏。

后送区：接受能自己行走或轻松的伤病员（蓝色卡）。

太平区：停放死亡者（黑色卡）。

5) 国际检伤分类法

根据国际救助优先排序设立伤者救治区域，伤者在检伤分类区进行标识后送达相应的区域。如果现场有足够的资源，每一位伤者都应得到及时救助和充分的照顾。当伤者多，急救人员不足时，便要按"优先原则"处理。

红色　第一优先——非常严重的创伤，但如果及时治疗就有机会生存。

黄色　第二优先——有重大创伤，但仍然可以短暂等候而不危及生命或导致身体残疾。

绿色（在我国为蓝色）第三优先——可以自行走动，没有严重创伤，可以在现场完成治疗，延迟送医院。

黑色 死亡——心脏跳动停止及没有呼吸。因为生存率极低，不应浪费宝贵资源。

6）检伤分类步骤如下：

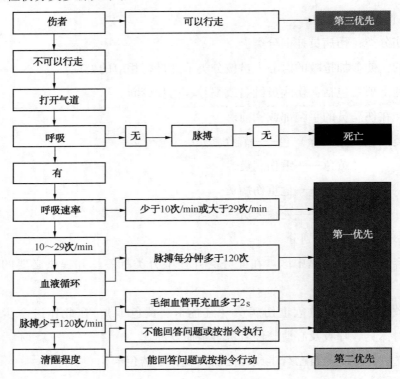

图 6-1 检伤分类流程图

6.2.2 转运中救治

对转运中的各种病人，都要坚持三不中断，即监测不中断，治疗不中断，抢救不中断。对意识不清的病人，头要偏向一侧，防止呕吐物堵塞气道，并严密观察生命体征，根据病情变化及时给以救治和吸氧等。对颈椎骨折病人，要给予可靠固定，以免造成新的或加重损伤；对上止血带的病人，要严格按时间要求及时放松止血带，以免产生不良反应或肢体坏死；对加压包扎或夹板固定的病人，要经常检查肢端血运，以免产生肢体坏死，血运不良时应立即调整包扎。

6.3 相关疾病的现场急救措施

6.3.1 现场心肺复苏

6.3.1.1 疾病简介

心搏骤停是院前急救中最常见到最严重的急症，是指各种原因引起的、在未能预计的情况和时间内心脏突然停止搏动，从而导致有效心泵功能和有效循环突然中止，引起全身组织细胞严重缺血、缺氧和代谢障碍，如不及时抢救即可立刻失去生命。心搏骤停不同于任何慢性病终末期的心脏停搏，若及时采取正确有效的复苏措施，病人有可能被挽回生命并得到康复。

由美国心脏学会（AHA）和其他一些西方发达国家复苏学会制订的每五年更新一次的"国际心肺复苏指南"对指导和规范在全球范围内的心肺复苏具有重要的积极意义。2010 年美国心脏学会（AHA）和国际复苏联盟（ILCOR）发布最新心肺复苏和心血管急救指南，由 2005 年的四早生存链改为五个链环来表达实施紧急生命支持的重要性。

（1）立即识别心脏停搏并启动应急反应系统。
（2）尽早实施心肺复苏 CPR，强调胸外按压;。
（3）快速除颤。
（4）有效的高级生命支持。
（5）综合的心脏骤停后治疗。

6.3.1.2 疾病分类

心搏骤停时，心脏虽然丧失了有效泵血功能，但并非心电和心脏活动完全停止，根据心电图特征及心脏活动情况心搏骤停可分为以下 3 种类型：

（1）心室颤动：心室肌发生快速而极不规则、不协调的连续颤动。心电图表现为 QRS 波群消失，代之以不规则的连续的室颤波，频率为 200～500 次/min，这种心搏骤停是最常见的类型，约占 80%。心室颤动如能立刻给予电除颤，则复苏成功率较高。

（2）心室静止：心室肌完全丧失了收缩活动，呈静止状态。心电图表现呈一直线或仅有心房波，多在心搏骤停一段时间后（如 3~5min）出现。

（3）心电－机械分离：此种情况也就是缓慢而无效的心室自主节律。心室肌可断续出现缓慢而极微弱的不完整的收缩。心电图表现为间断出现并逐步增宽的 QRS 波群，频率多为 20~30 次/min 以下。由于心脏无有效泵血功能，听诊无心音，周围动脉也触及不到搏动。此型多为严重心肌损伤的后果，最后以心室静止告终，复苏较困难。

心搏骤停的以上 3 种心电图类型及其心脏活动情况虽各有特点，但心脏丧失有效泵血功能导致循环骤停是共同的结果。全身组织急性缺血、缺氧时，机体交感肾上腺系统活动增强，释放大量儿茶酚胺及相关激素，使外周血管收缩，以保证脑心等重要器官供血；缺氧又导致无氧代谢和乳酸增多，引起代谢性酸中毒。急性缺氧对器官的损害，以大脑最为严重，随着脑血流量的急骤下降，脑神经元三磷酸腺苷（ATP）含量迅速降低，细胞不能保持膜内外离子梯度，加上乳酸盐积聚，细胞水肿和酸中毒，进而细胞代谢停止，细胞变性及溶酶体酶释放而导致脑等组织细胞的不可逆损害。缺氧对心脏的影响可由于儿茶酚胺增多和酸中毒使希氏束及浦氏系统自律性增高，室颤阈降低；严重缺氧导致心肌超微结构受损而发生不可逆损伤。持久缺血缺氧可引起急性肾小管坏死、肝小叶中心性坏死等脏器损伤和功能障碍或衰竭等并发症。

6.3.1.3 基础生命支持

（1）评估和现场安全：施救前必须先对现场就行安全评估。在确认处于安全区后，再实施救护。

（2）2010 年心肺复苏指南强调对无反应且无呼吸或无正常呼吸的成人，立即启动急救反应系统并开始胸外心脏按压。

（3）脉搏检查：以一手食指和中指触摸患者颈动脉以感觉有无搏动（搏动触点在甲状软骨旁胸锁乳突肌沟内）。检查脉搏的时间一般不能超过 10s，如 10s 内仍不能确定有无脉搏，应立即实施胸外按压。

（4）胸外按压（circulation，C）：确保患者仰卧于平地上或用胸外按压板垫于其肩背下，急救者可采用跪式或踏脚凳等不同体位，将一只手的掌根放在患者胸部的中央，胸骨下半部上，将另一只手的掌根置于第一只手上。手指不接触胸壁。按压时双肘须伸直，垂直向下用力按压，成人按压频率为至少100次/min，下压深度至少为125px，每次按压之后应让胸廓完全回复。按压时间与放松时间各占50%左右，放松时掌根部不能离开胸壁，以免按压点移位。对于儿童患者，用单手或双手于乳头连线水平按压胸骨，对于婴儿，用两手指于紧贴乳头连线下放水平按压胸骨。为了尽量减少因通气而中断胸外按压，对于未建立人工气道的成人，2010年国际心肺复苏指南推荐的按压—通气比率为30∶2。对于婴儿和儿童，双人CPR时可采用15∶2的比率。如双人或多人施救，应每2min或5个周期CPR（每个周期包括30次按压和2次人工呼吸）更换按压者，并在5s内完成转换，因为研究表明，在按压开始1~2min后，操作者按压的质量就开始下降（表现为频率和幅度以及胸壁复位情况均不理想）。

（5）开放气道（airway，A）：两种方法可以开放气道提供人工呼吸：仰头抬颏法和推举下颌法。后者仅在怀疑头部或颈部损伤时使用。注意在开放气道同时应该用手指挖出病人口中异物或呕吐物，有假牙者应取出假牙。

（6）人工呼吸（breathing，B）：首先使用球囊-面罩进行人工呼吸。持续吹气应该1s以上，吹气量500~600mL。保证有足够量的气体进入并使胸廓起伏。但过度通气（多次吹气或吹入气量过大）有害，应避免。在通气时不需要停止胸外按压。

6.3.1.4　心脏电击除颤

电击除颤是终止心室颤动的最有效方法，应早期除颤。电除颤后，一般需要20~30s才能恢复正常窦性节律，因此电击后仍应立刻继续进行CPR，直至能触及颈动脉搏动为止。

（1）电击除颤的操作步骤为：

① 电极板涂以导电糊或垫上盐水纱布；

② 接通电源，确定非同步相放电，室颤不需麻醉；

③ 选择能量水平及充电；

④ 按要求正确放置电极板，一块放在胸骨右缘第2~3肋间（心底部），另

一块放在左腋前线第5~6肋间（心尖部）；

⑤ 经再次核对监测心律，明确所有人员均未接触病人（或病床）后，按压放电电钮；

⑥ 电击后即进行心电监测与记录。

(2) 自动体外除颤器（automatic external defibrillator，AED）。

AED适用于无反应、无呼吸和无循环体征（包括室上速、室速和室颤）的患者。应用AED时，给予1次电击后不要马上检查心跳或脉搏，而应该重新进行胸外按压，循环评估应在实施5个周期CPR（约2min）后进行。因为大部分除颤器可一次终止室颤，况且室颤终止后数分钟内，心脏并不能有效泵血，立即实施CPR十分必要。

6.3.1.5　高级生命支持进一步生命支持（advanced life support，ALS）

又称二期复苏或高级生命维护，主要是在BLS基础上应用器械和药物，建立和维持有效的通气和循环，识别及控制心律失常，直流电非同步除颤，建立有效的静脉通道及治疗原发疾病。ALS应尽可能早开始。

1）气道控制

(1) 面罩通气及人工辅助呼吸：将氧气导管接在气囊尾部的供养管内。

(2) 气管内插管和机械辅助呼吸：应尽早作气管内插管，因气管内插管是进行人工通气的最好办法，它能保持呼吸道通畅，减少气道阻力，便于清除呼吸道分泌物，减少解剖死腔，保证有效通气量，为输氧、加压人工通气、气管内给药等提供有利条件。当传统气管内插管因各种原因发生困难时，可使用食管气管联合插管实施盲插，以紧急给病人供氧。

(3) 环甲膜穿刺：遇有紧急喉腔阻塞而严重窒息的病人，没有条件立即作气管切开时，可行紧急环甲膜穿刺，方法为用16号粗针头刺入环甲膜，接上"T"型管输氧，即可达到呼吸道通畅、缓解严重缺氧情况。

2）复苏用药

复苏用药的目的在于增加脑、心等重要器官的血液灌注，纠正酸中毒和提高室颤阈值或心肌张力，以有利于除颤。复苏用药途经以静脉给药为首选，其次是气管滴入法。气管滴入的常用药物有肾上腺素、利多卡因、阿托品、纳洛酮及安定等。一般以常规剂量溶于 5~10mL 注射用水滴入，但药物可被气管内分泌物稀释或因吸收不良而需加大剂量，通常为静脉给药量的 2~4 倍。心内注射给药目前不主张应用，因操作不当可造成心肌或冠状动脉撕裂、心包积血、血胸或气胸等，如将肾上腺素等药物注入心肌内，可导致顽固性室颤，且用药时要中断心脏按压和人工呼吸，故不宜作为常规途经。复苏常用药物如下：

（1）肾上腺素：肾上腺素通过 α 受体兴奋作用使外周血管收缩（冠状动脉和脑血管除外），有利于提高主动脉舒张压，增加冠脉灌注和心、脑血流量。对心搏骤停无论何种类型，肾上腺素常用剂量为每次 1mg 静脉注射，必要时每隔 3~5min 重复 1 次。

（2）抗心律失常药物：严重心律失常是导致心脏骤停甚至猝死的主要原因之一，药物治疗是控制心律失常的重要手段。2010 年国际心肺复苏指南建议：对高度阻滞应迅速准备经皮起搏。在等待起搏时给予阿托品 0.5mg，IV。阿托品的剂量可重复直至总量达 3mg。如阿托品无效，就开始起搏。在等待起搏器或起搏无效时，可以考虑输注肾上腺素（2~10μg/min）或多巴胺，（2~10μg/min）。胺碘酮可在室颤和无脉性室速对 CPR、除颤、血管升压药无反应时应用。首次剂量 300mg 静脉/骨内注射，可追加一剂 150mg。利多卡因可考虑作为胺碘酮的替代药物（未定级）。首次剂量为 1~1.5mg/kg，如果室颤和无脉性室速持续存在，间隔 5~10min 重复给予 0.5~0.75mg/kg 静推，总剂量 3mg/kg。镁剂静推可有效终止尖端扭转型室速，1~2g 硫酸镁，用 5% GS 10mL 稀释 5~20min 内静脉推入。

6.3.1.6　综合的心脏骤停后治疗

（1）脑复苏和脑保护。

① 尽快建立和恢复持续的有氧血液循环；

② 适当提高血压；

③ 应用糖皮质激素；

④ 脱水剂应用；

⑤降温和"冬眠疗法"。

（2）呼吸兴奋剂的使用。

病人呼吸心跳回复后，但其呼吸十分微弱和缓慢，仍表现出发绀等缺氧的症状时,是应用呼吸兴奋剂的最佳适应症。

① 尼可刹米(可拉明):0.375g/支,3~5支加入媒介液体250~500mL静滴,根据患者情况调整单位时间用量。

② 山梗莱碱(洛贝林):3mg/支,1~2支肌注或1支静注。以及4~5支加入媒介液体250~500mL静滴,根据患者情况调整单位时间用量。

③ 二甲弗林(回苏灵):8~16mg/次,肌注或用生理盐水稀释后静注,如果疗效不明显可以于20~30min后重复。

(3) 恢复和维持心跳血压。

① 补充血容量:常用药物为小分子或低分子右旋糖酐。此外,706代血浆、平衡液、林格氏液、生理盐水等也可使用。

② 维持血压:

a. 肾上腺素针:1mg/次,间隔3~5min可以重复。

b. 血管加压素:首剂40单位静推,必要时克重复。

c. 阿托品针:常配合肾上腺素使用,主要用于心脏停搏和电机械分离,或用于心脏复跳后的心动过缓。1~2mg/次,静注,可根据病情3~10min后重复应用数次。

d. 去甲肾上腺数针:常在肾上腺素无效时使用。起始剂量每分钟0.5~1.0μg,逐级调节至有效剂量。

e. 氨茶碱针:增加心脏复跳的可能性以及提高血压的药物,常用0.25~0.5g用生理盐水稀释至20mL快速静推,如果无效可于5min后重复应用。

f. 多巴胺针:主要用于心跳复苏后血管舒张导致的低血压状态,剂量为,超过10μg/(kg·min)时可以导致体循环盒内脏血管收缩。

g. 多巴酚丁胺针:除了有与多巴胺相同的升压作用外,还具有较好的强心作用。20~60mg加入250~500mL液体内,以5~20μg/(kg·min)的速度静滴,酌情调整剂量。

h. 纳洛酮针:用于复苏后的脑功能抑制和低血压及休克。2mg加20mL生理盐水静推,30min可重复,直至苏醒。

(4) 尽早防治水和电介质失衡。

6.3.1.7 心肺复苏有效指标

（1）颈动脉搏动：按压有效时，每按压一次可触摸到颈动脉一次搏动，若中止按压搏动亦消失，则应继续进行胸外按压，如果停止按压后脉搏仍然存在，说明病人心搏已恢复。

（2）面色（口唇）：复苏有效时，面色由紫绀转为红润，若变为灰白，则说明复苏无效。

（3）其他：复苏有效时，可出现自主呼吸，或瞳孔由大变小并有对光反射，甚至有眼球活动及四肢抽动。

6.3.1.8 终止抢救的标准

现场 CPR 应坚持不间断地进行，不可轻易作出停止复苏的决定，如符合下列条件者，现场抢救人员方可考虑终止复苏：

（1）患者呼吸和循环已有效恢复。

（2）无心搏和自主呼吸，CPR 在常温下持续 30min 以上。

6.3.2 常见有害气体的中毒应急处置

6.3.2.1 硫化氢中毒的应急处置

硫化氢是具有刺激性和窒息性极强的无色有害气体，易溶于水，能嗅到类似臭鸡蛋样的气味，但极高浓度很快引起嗅觉麻痹而不觉其味。采矿、冶炼、甜菜制糖，制造二硫化碳、有机磷农药，以及皮革、硫化染料等工业中都有硫化氢产生；有机物腐败场所如沼泽地、化粪池、污物沉淀池等处作业时均可有大量硫化氢逸出，作业工人中毒并不罕见；特别是在普光天然气净化厂，因为是高含硫气田，一旦有气体泄漏，硫化氢气体中毒的可能性也是存在的。患者如果接触低浓度硫化氢气体仅有呼吸道及眼的局部刺激作用，高浓度时全身作用较明显，表现为中枢神经系统症状和窒息症状，也可产生"闪电式"死亡。

1）硫化氢中毒的症状

硫化氢气体主要经呼吸道吸入，低浓度的硫化氢气体能溶解于黏膜表面的水分中，与钠离子结合生成硫化钠，对黏膜产生刺激，引起局部刺激作用如眼睛刺痛、怕光、流泪、咽喉疼和咳嗽。吸入高浓度的硫化氢可出现头昏、头痛、全身无力、心悸、呼吸困难、口唇及指甲青紫。严重者可出现抽搐，并迅速进入昏迷状态。常因呼吸中枢麻痹而致死。

2）硫化氢中毒的临床表现

急性硫化氢中毒一般发病迅速，出现以脑和（或）呼吸系统损害为主的临床表现，亦可伴有心脏等器官功能障碍。临床表现可因接触硫化氢的浓度等因素不同而有明显差异。

中枢神经系统损害最为常见：

（1）接触较高浓度硫化氢后可出现头痛、头晕、乏力、共济失调，可发生轻度意识障碍。常先出现眼和上呼吸道刺激症状。

（2）接触高浓度硫化氢后以脑病表现为显著，出现头痛、头晕、易激动、步态蹒跚、烦躁、意识模糊、谵妄、癫痫样抽搐可呈全身性强直—阵挛发作等；可突然发生昏迷；也可发生呼吸困难或呼吸停止后心跳停止。眼底检查可见个别病例有视神经乳头水肿。部分病例可同时伴有肺水肿。

脑病症状常较呼吸道症状的出现为早，可能因发生黏膜刺激作用需要一定时间。

（3）接触极高浓度硫化氢后可发生"闪电式"死亡，即在接触后数秒或数分钟内呼吸骤停，心跳停止；也可立即或数分钟内昏迷，并呼吸骤停而死亡。急性中毒时多在事故现场发生昏迷，其程度因接触硫化氢的浓度和时间而异，偶可伴有或无呼吸衰竭。部分病例在脱离事故现场或转送医院途中即可复苏。到达医院时仍维持生命体征的患者，如无缺氧性脑病，多恢复较快。昏迷时间较长者在复苏后可有头痛、头晕、视力或听力减退、定向障碍、共济失调或癫痫样抽搐等，绝大部分病例可完全恢复。

中枢神经症状极严重，而粘膜刺激症状不明显，可能因接触时间短，尚未发生刺激症状；或因全身症状严重而易引起注意的缘故。

呼吸系统损害为：

可出现化学性支气管炎、肺炎、肺水肿、急性呼吸窘迫综合征等。少数中毒病例以肺水肿的临床表现为主，而神经系统症状较轻。

3）心肌损害

在中毒病程中，部分病例可发生心悸、气急、胸闷或心绞痛样症状；少数病例在昏迷恢复、中毒症状好转 1 周后发生心肌梗死样表现。心电图呈急性心肌梗死样图形，但可很快消失。其病情较轻，病程较短，预后良好，诊疗方法与冠状动脉样硬化性心脏病所致的心肌梗死不同，故考虑为弥漫性中毒性心肌损害。心肌酶谱检查可有不同程度异常。

3）职业性急性硫化氢中毒诊断标准及处理原则

急性硫化氢中毒是生产环境中在短期内接触大量硫化氢引起的以中枢神经系统、眼结膜和呼吸系统损害为主的全身性疾病。

诊断原则为：

根据短期内大量接触硫化氢的职业史，迅速出现不同程度的中枢神经系统、呼吸系统和眼结膜损害的临床表现，参考现场劳动卫生学调查资料，排除其他病因引起的类似疾病后，方可诊断。

诊断及分级标准为：

（1）刺激反应。

接触硫化氢后出现流泪、眼刺痛、流涕、咽喉部灼热感等刺激症状，在短时间内恢复者。

（2）轻度中毒。

有眼胀痛、畏光、咽干、咳嗽，以及轻度头痛、头晕、乏力、恶心等症状。检查见眼结膜充血，肺部可有干性罗音等体征。

（3）中度中毒。

具有下列临床表现之一者，诊断为中度中毒：

① 有明显的头痛、头晕等症状，并出现轻度意识障碍。

② 有明显的黏膜刺激症状，出现咳嗽、胸闷、视力模糊、眼结膜水肿及角膜溃疡等。肺部闻及干性或湿性罗音，X 线胸片显示肺纹理增强或有片状阴影。

（4）重度中毒。

具有下列临床表现之一者，诊断为重度中毒：

① 昏迷；

② 肺水肿；

③ 呼吸循环衰竭；

④ 闪电型死亡。

治疗原则如下：

(1) 迅速脱离现场，立即给氧，有条件时，对中、重度中毒者可采用高压氧治疗，保持呼吸道通畅，眼部损害采取对症治疗。

(2) 抢救治疗原则同内科。对呼吸、心跳骤停者立即进行心、肺、脑复苏等对症及支持疗法。

劳动能力鉴定为：

① 轻度中毒　治愈后恢复原工作。

② 中度中毒　经治疗恢复后，根据病情酌情给予休息，一般可恢复原工作。

4）鉴别诊断

事故现场发生电击样死亡应与其他化学物如一氧化碳或氰化物等急性中毒、急性脑血管疾病、心肌梗死等相鉴别，也需与进入含高浓度甲烷或氮气等化学物造成空气缺氧的环境而致窒息相鉴别。其他症状亦应与其他病因所致的类似疾病或昏迷后跌倒所致的外伤相鉴别。

5）应急处置

(1) 现场抢救极为重要，应立即使患者脱离中毒环境，迅速将其转移至空气新鲜处，保持呼吸道通畅。有条件时立即给予吸氧；脱去污染的衣着，用流动清水冲洗皮肤；若眼睛被污染，立即提起眼睑，用大量流动清水或生理盐水彻底冲洗至少 15min。

(2) 维持生命体征。对呼吸或心跳骤停者应立即施行心肺复苏术。对在事故现场发生呼吸骤停者如能及时施行人工呼吸，则可避免随之而发生的心跳骤停。应采用简易呼吸气囊施行人工呼吸，以免患者的呼出气或衣服内逸出的硫化氢造成施救者二次中毒。

(3) 以对症支持治疗为主。高压氧治疗对加速昏迷的复苏和防治脑水肿有重要作用，凡昏迷患者，不论是否已复苏，均应尽快给予高压氧治疗，但需配合综合治疗。对中毒症状明显者需早期、足量、短程给予肾上腺糖皮质激素，有利于防治脑水肿、肺水肿和心肌损害。控制抽搐及防治脑水肿和肺水肿。较重患者需进行心电监护及心肌酶谱测定，以便及时发现病情变化，及时处理。对有眼刺激症状者，立即用清水冲洗，对症处理。

（4）关于应用高铁血红蛋白形成剂的指征和方法等尚无统一意见。从理论上讲高铁血红蛋白形成剂适用于治疗硫化氢造成的细胞内窒息，而对神经系统反射性抑制呼吸作用则无效。适量应用亚硝酸异戊酯、亚硝酸钠或4－二甲基氨基苯酚（4－DMAP）等，使血液中血红蛋白氧化成高铁血红蛋白，后者可与游离的硫氢基结合形成硫高铁血红蛋白而解毒；并可夺取与细胞色素氧化酶结合的硫氢基，使酶复能，以改善缺氧。但目前尚无简单可行的判断细胞内窒息的各项指标，且硫化物在体内很快氧化而失活，使用上述药物反而加重组织缺氧。亚甲蓝（美蓝）不宜使用，因其大剂量时才可使高铁血红蛋白形成，剂量过大则有严重副作用。目前使用此类药物只能由医师临床经验来决定。

6.3.2.2 二氧化硫气体中毒的应急处置

1）发病原因

二氧化硫（SO_2）是一种无色，高度水溶性，有辛辣气味的刺激性气体，比空气重，广泛用于工业，是大气的常见污染物，凡是接触较高浓度的二氧化硫均可致病。

2）发病机制

二氧化硫是一种刺激性气体，由于溶解性高在上呼吸道与水接触生成硫酸和亚硫酸，引起黏膜损伤，造成临床一系列症状。

3）临床表现

（1）急性中毒。吸入二氧化硫后很快出现流泪、畏光、视物不清、鼻、咽、喉部烧灼感及疼痛，咳嗽等眼结膜和上呼吸道刺激症状。较重者可有声音嘶哑、胸闷、胸骨后疼痛、剧烈咳嗽、心悸、气短、头痛、头晕、乏力、恶心、呕吐及上腹部疼痛等。检查可见眼结膜充血水肿，鼻中隔软骨部粘膜小块发白的灼伤，两肺可闻干湿啰音。严重者发生支气管炎、肺炎、肺水肿，甚至呼吸中枢麻痹，如当吸入浓度高达 $5240mg/m^3$ 时，立即引起喉痉挛、喉水肿，迅速死亡。

（2）慢性影响。长期接触低浓度二氧化硫，引起嗅觉、味觉减退、甚至消失，头痛、乏力，牙齿酸蚀，慢性鼻炎、咽炎、气管炎、支气管炎，肺气肿，肺纹理增多，弥漫性肺间质纤维化及免疫功能减退等。

4）诊断

根据接触史、呼吸系统受损的临床表现及现场劳动卫生学调查，可明确诊断。按 GB 16375—1996（职业性急性二氧化硫中毒诊断标准及处理原则）规定，诊断分级如下：

（1）刺激反应。出现上呼吸道刺激症状，短期内（1~2d）能恢复正常，体检及 X 线征象无异常。

（2）轻度中毒。除刺激反应临床表现外，伴有头痛、恶心、呕吐、乏力等全身症状；眼结膜、鼻黏膜及咽喉部充血水肿；肺部有明显干性啰音或哮鸣音，胸部 X 线表现为肺纹理增强。

（3）中度中毒。除轻度中毒临床表现外，尚有胸闷、剧咳、痰多、呼吸困难；体征有气促、轻度紫绀、两肺有明显湿性啰音；胸部 X 线征象示肺野透明度降低，出现细网和（或）散在斑片状阴影，符合肺间质水肿征象。

（4）重度中毒。出现下列情况之一者，即可诊断为重度中毒：①肺泡肺水肿。②突发呼吸急促，每分钟超过 28 次；血气 PaO_2 < 8kPa，吸入 <50% 氧时 PaO_2 无改善，且有下降趋势。③合并重度气胸、纵隔气肿。④窒息或昏迷。⑤猝死。

5）治疗

（1）立即将患者移离有毒场所，转移至通风处，使其呼吸新鲜空气或氧气、雾化吸入 2%~5% 碳酸氢钠 + 氨茶碱 + 地塞米松 + 抗生素。用生理盐水或清水彻底冲洗眼结膜囊及被液体二氧化硫污染的皮肤。

（2）对吸入高浓度二氧化硫有明显刺激症状，但无体征者，应密切观察不少于 48h，并对症治疗。

（3）积极防治肺水肿，可早期、足量、短期应用糖皮质激素。需要时可用二甲基硅油消泡剂。

（4）对症及支持治疗。

6.3.2.3 一氧化碳中毒的应急处置

一氧化碳中毒是含碳物质燃烧不完全时的产物经呼吸道吸入引起中毒。中毒机理是一氧化碳与血红蛋白的亲合力比氧与血红蛋白的亲合力高200～300倍，所以一氧化碳极易与血红蛋白结合，形成碳氧血红蛋白，使血红蛋白丧失携氧的能力和作用，造成组织窒息。对全身的组织细胞均有毒性作用，尤其对大脑皮质的影响最为严重。当人们意识到已发生一氧化碳中毒时，往往已为时已晚。因为支配人体运动的大脑皮质最先受到麻痹损害，使人无法实现有目的的自主运动。所以，一氧化碳中毒者往往无法进行有效的自救。

1）临床表现

轻型：中毒时间短，血液中碳氧血红蛋白为10%～20%。表现为中毒的早期症状，头痛眩晕、心悸、恶心、呕吐、四肢无力，甚至出现短暂的昏厥，一般神志尚清醒，吸入新鲜空气，脱离中毒环境后，症状迅速消失，一般不留后遗症。

中型：中毒时间稍长，血液中碳氧血红蛋白占30%～40%，在轻型症状的基础上，可出现虚脱或昏迷。皮肤和粘膜呈现一氧化碳中毒特有的樱桃红色。如抢救及时，可迅速清醒，数天内完全恢复，一般无后遗症状。

重型：发现时间过晚，吸入一氧化碳气体过多，或在短时间内吸入高浓度的一氧化碳，血液碳氧血红蛋白浓度常在50%以上，病人呈现深度昏迷，各种反射消失，大小便失禁，四肢厥冷，血压下降，呼吸急促，会很快死亡。一般昏迷时间越长，预后越严重，常留有痴呆、记忆力和理解力减退、肢体瘫痪等后遗症。

2）病因病理

一氧化碳（即CO）是无色、无臭、无味的气体。气体比重0.967。空气中CO浓度达到12.5%时，有爆炸的危险。一氧化碳经呼吸道吸入后，通过肺泡进入血液循环，立即与血红蛋白结合，形成碳氧血红蛋白，使血红蛋白失去携带氧气的能力。一氧化碳与血红蛋白的亲和力比氧与血红蛋白的亲和力大约300倍，而碳氧血红蛋白又比氧合血红蛋白的解离慢约3 600倍，而且碳氧血红蛋白的存在还抑制氧合血红蛋白的解离，阻抑氧的释放和传递，造成机体急性缺氧血症。高浓度的一氧化碳还能与细胞色素氧化酶中的二价铁相结合，直接抑制细胞内呼吸。

组织缺氧程度与血液中碳氧血红蛋白（COHb）占 Hb 的百分比例有关系。血液中 COHb% 与空气中 CO 浓度和接触时间有密切关系。CO 中毒时，体内血管吻合枝少而代谢旺盛的器官如脑和心最易遭受损害。脑内小血管迅速麻痹、扩张。脑内三磷酸腺苷（ATP）在无氧情况下迅速耗尽，钠泵运转不灵，钠离子蓄积于细胞内而诱发脑细胞内水肿。缺氧使血管内皮细胞发生肿胀而造成脑血管循环障碍。缺氧时，脑内酸性代谢产物蓄积，使血管通透性增加而产生脑细胞间质水肿。脑血循环障碍可造成血栓形成、缺血性坏死以及广泛的脱髓鞘病变。

中枢神经系统对缺氧最为敏感，一氧化碳中毒后首先受累及，尤其是大脑皮层的白质和苍白球等最为严重。在病理上表现为脑血管先痉挛后扩张，通透性增加，出现脑水肿和不同程度的局灶性软化坏死，临床出现颅内压增高甚至脑疝，危及生命。

急性 CO 中毒在 24h 内死亡者，血呈樱桃红色。各脏器有充血、水肿和点状出血。昏迷数日后死亡者，脑明显充血、水肿。苍白球常有软化灶；大脑皮质可有坏死灶；海马区因血管供应少，受累明显。小脑有细胞变性。有少数病人大脑半球白质可发生散在性、局灶性脱髓鞘病变。心肌可见缺血性损害或内膜下多发性梗塞。

3）临床诊断

诊断原则：

根据吸入较高浓度一氧化碳的接触史和急性发生的中枢神经损害的症状和体征，结合血液中碳氧血红蛋白（COHb）及时测定的结果，现场劳动卫生学调查及空气中一氧化碳浓度测定资料，并排除其他病因后，可诊断为急性一氧化碳中毒。

诊断及分级标准：

（1）接触反应。出现头痛、头昏、心悸、恶心等症状，吸入新鲜空气后症状可消失者。

（2）轻度中毒。具有以下任何一项表现者：

① 出现剧烈的头痛、头昏、四肢无力、恶心、呕吐；

② 轻度至中度意识障碍，但无昏迷者，血液中碳氧血红蛋白（COHb）浓度可高于10%。

（3）中度中毒。除有上述症状外，意识障碍表现为浅至中度昏迷，经抢救后恢复且无明显并发症者。血液中碳氧血红蛋白（COHb）浓度可高于30%。

（4）重度中毒。具备以下任何一项者：

① 意识障碍程度达深昏迷或去大脑皮层状态；

② 患者有意识障碍且并发有下列任何一项表现者：

a. 脑水肿；

b. 休克或严重的心肌损害；

c. 肺水肿；

d. 呼吸衰竭；

e. 上消化道出血；

f. 脑局灶损害，如锥体系或锥体外系损害体征。碳氧血红蛋白浓度可高于50%。

（5）急性一氧化碳中毒迟发脑病（神经精神后发症）。

急性一氧化碳中毒意识障碍恢复后，经约2～60d的"假愈期"，又出现下列临床表现之一者：

① 精神及意识障碍呈痴呆状态，谵妄状态或去大脑皮层状态；

② 锥体外系神经障碍出现帕金森氏综合征的表现；

③ 锥体系神经损害（如偏瘫、病理反射阳性或小便失禁等）；

④ 大脑皮层局灶性功能障碍如失语、失明等，或出现继发性癫痫。头部CT检查可发现脑部有病理性密度减低区；脑电图检查可发现中度及高度异常。

4）治疗原则

（1）迅速将患者移离中毒现场至通风处，松开衣领，注意保暖，密切观察意识状态。

（2）及时进行急救与治疗。

① 轻度中毒者，可给予氧气吸入及对症治疗。轻度中毒者可给予鼻导管吸氧。

② 中度及重度中毒者应积极给予常压口罩吸氧治疗，有条件时应给予高压氧治疗。重度中毒者视病情应给予消除脑水肿、促进脑血液循环、维持呼吸循环功能及镇痉等对症及支持治疗。加强护理、积极防治并发症及预防迟发脑病。

（3）对迟发脑病者，可给予高压氧、糖皮质激素、血管扩张剂或抗帕金森氏病药物与其它对症与支持治疗。

5）应急处置

当发现有人一氧化碳中毒后，救助者必须迅速按下列程序进行救助：

因一氧化碳的比重比空气略轻，故浮于上层，救助者进入和撤离现场时，如能匍匐行动会更安全。进入室内时严禁携带明火，尤其是开放煤气自杀的情况，室内煤气浓度过高，按响门铃、打开室内电灯产生的电火花均可引起爆炸。

进入室内后，应迅速打开所有通风的门窗，如能发现煤气来源并能迅速排出的则应同时控制，如关闭煤气开关等，但绝不可为此耽误时间，因为救人更重要。

然后迅速将中毒者背出充满一氧化碳的房间，转移到通风保暖处平卧，解开衣领及腰带以利其呼吸及顺畅。同时呼叫救护车，随时准备送往有高压氧仓的医院抢救。

在等待运送车辆的过程中，对于昏迷不醒的患者可将其头部偏向一侧，以防呕吐物误吸入肺内导致窒息。为促其清醒可用针刺或指甲掐其人中穴。若其仍无呼吸则需立即开始口对口人工呼吸。必需注意，对一氧化碳中毒的患者这种人工呼吸的效果远不如医院高压氧仓的治疗。因而对昏迷较深的患者不应立足于就地抢救，而应尽快送往医院，但在送往医院的途中人工呼吸绝不可停止，以保证大脑的供氧，防止因缺氧造成的脑神经不可逆性坏死。

6）预后

轻者在数日内完全复原，重者可发生神经系后遗症。治疗时如果暴露于过冷的环境，易并发肺炎。

6.3.2.4 天然气中毒的应急处置

天然气又称油田气、石油气、石油伴生气。主要成分是甲烷，还含有少量乙烷、丁烷、戊烷、二氧化碳、一氧化碳、硫化氢等。为主要的工业、家庭用燃料之一。

以产地不同，其成分也有所差异。天然气所含有的烷烃类物质的毒性低，主要有毒成分是硫化氢。原料天然气含硫化氢较多，毒性随硫化氢浓度增加而增加。

1）中毒表现

主要为窒息，若天然气同时含有硫化氢则毒性增加。接触高浓度天然气后可出现头昏、头痛、恶心、呕吐、乏力等症状。严重者出现直视、昏迷、呼吸困难、四肢强直、去大脑皮质综合征等。长期接触低浓度天然气者可出现头痛、头昏、失眠等症状。

2）处理方法

迅速将病人脱离中毒现场，吸氧或新鲜空气。轻症患者仅做一般对症处理。同时，要注意保暖、休息。出现中毒症状者及时到医院就诊。对有意识障碍者，以改善缺氧，解除脑血管痉挛、消除脑水肿为主。可吸氧，用地塞米松、甘露醇、速尿等静滴，并用脑细胞代谢剂如细胞色素 C、能量合剂、维生素 B_6 和辅酶 A 等静滴。

3）中毒预防

加强天然气生产、输送作业的防护措施。防止天然气管道、械具泄漏。使用时要注意通风。

6.3.2.5 硫黄中毒的应急处置

1）中毒机理

硫黄别名硫、胶体硫、硫黄块，外观为淡黄色脆性结晶或粉末，有特殊臭味。属低毒危险化学品，但其蒸汽及硫黄燃烧后产生的二氧化硫对人体有剧毒。一般经吸入、食入或经皮肤吸收。过量硫黄进入肠内大部分迅速氧化成无毒的硫代物（硫酸盐或硫代硫酸盐），经肾和肠道排出体外，未被氧化的游离硫化氢，则对机体产生毒害作用。

2）临床表现

（1）潜伏期为 30min 至 2h。

（2）中毒表现为：

① 轻度中毒后可有畏光、流泪、眼刺痛及异物感、流涕、鼻及咽喉灼热感，角膜炎，结膜炎等。

② 中度中毒可出现中枢神经症状，有头晕、头痛、心悸、气短、恶心、呕吐、腹胀、腹痛、便血、全身无力、体温升高、呼吸困难、发绀、肝大、黄疸、中毒性视功能障碍，共济失调，呼出气体有臭蛋味。

③ 重度中毒患者出现呼吸困难，神志模糊，瞳孔缩小，对光反应迟钝，发绀；继则出现惊厥、昏迷，可因中枢麻痹、呼吸抑制而死亡。

3) 急救措施

(1) 皮肤接触，要脱去被污染的衣服，用肥皂水和清水彻底冲洗皮肤。

(2) 眼睛接触，要用流动清水或生理盐水冲洗，眼部有刺激症状时，用2%～3%硼酸溶液洗眼，再用可的松眼液滴眼，并涂用金霉素眼膏。

(3) 吸入中毒，要让中毒者迅速脱离现场至空气新鲜处，保持呼吸道通畅。

(4) 食入中毒，给与洗胃，催吐。

(5) 昏迷者立即予加压给氧，并予10%葡萄糖液500mL + 细胞色素C 15～30mg + 三磷酸腺苷40mg 静脉注射及辅酶Q10治疗。

(6) 视病情需要予以安钠咖（苯甲酸钠咖啡因）、尼可刹米、洛贝林等。呼吸衰竭者给予气管插管。

(7) 给予50%葡萄糖40mL + 维生素C 0.5～1g 作静脉注射，或予10%硫代硫酸钠40mg 静脉注射，或予亚甲蓝，按10mg/kg 计算，加入25%葡萄糖液40mL 中静脉注射。

(8) 无休克者予亚硝酸异戊酯吸入，每次15～30s，总量不超过5支。使形成高铁血红蛋白，其中的三价铁夺取与细胞氧化酶结合的硫离子，使细胞色素氧化酶恢复活力。

(9) 积极防治肺水肿和脑水肿。

(10) 对症治疗：

① 如有血压降低时，可用升压药，如去甲肾上腺素。

② 病人处于抑制状态时，可肌注甘油磷酸钠1～2mL，每日1次。发生支气管炎或肺炎时，应给予抗生素，控制感染。

③ 出现上呼吸道刺激症状时，可用5%碳酸氢钠溶液，喷雾吸入。因呼吸道肿胀狭窄而发生呼吸困难时，可静滴氨茶碱及氢化可的松。

6.3.2.6 氨气中毒的应急处置

氨（ammonia，NH_3）为无色有特殊刺激性臭味的气体，极易溶于水成为氨水（又称氢氧化铵），常温下加压可液化成液氨。急性氨中毒以呼吸系统损害为主要表现。严重者可出现成人呼吸窘迫综合征，乃至猝死，为常见职业中毒之一。

1）致病原因

（1）短时间内吸入高浓度氨气，常见于冷库、化肥、制药、塑料、合成纤维、石油精炼等作业。运输或检修过程中氨水盛器或液氨罐、管道、阀门等意外破损爆裂致氨大量逸放引起中毒，常有居民、路人受害。少见喷洒氨水时不戴口罩吸入多量氨气而中毒者。人吸入 700mg/m^3 持续 30min 即可中毒，吸入 1750～4000mg/m^3 可危及生命。

（2）误服、误吸氨水至胃肠道导致中毒，一次咽下 10mL 浓氨水即可致死。

2）急救处理

临床抢救治疗过程分为两个阶段：

A. 抢救治疗阶段

（1）合理吸氧，解除支气管痉挛，保持呼吸道通畅。可应用氨茶碱 250mg + 25%葡萄糖注射液 20mL 静脉注射。如有呼吸抑制，可给予呼吸中枢兴奋剂。

（2）立即应用2%硼酸液或清水彻底冲洗被污染的眼和皮肤，同时注意保暖。

（3）防治中毒性肺水肿是治疗的关键。严密观察 24～48h。根据病情需要做血气分析监护。应合理吸氧，及早给予糖皮质激素，必要时给予 654-2 及快速利尿剂，可以选用消泡剂，如二甲基硅油气雾剂（但不宜长时间应用）。

（4）气管切开：发生呼吸窘迫、紫绀进行性加重，有窒息预兆者，应立即行气管切开。当动脉血 pH 值低于 7.35，二氧化碳分压超过 8.6 kPa，有严重喉头水肿，肺水肿 24h 不缓解者即为气管切开指征。气管切开宜早进行，有增加肺泡通气量、减少死腔、利于吸出分泌物等优点。

（5）雾化吸入疗法：不论病情轻重，都是雾化吸入的适应证。可用地塞米松

5mg、氨茶碱125mg、庆大霉素8万u、糜蛋白酶5mg加入生理盐水20mL雾化吸入。根据病情第1个24h内每隔30~60min吸入一次，每次10min，同时用3%硼酸水20mL交替雾化吸入。各药剂量视病情加减。以超声雾化为佳。

B. 系统治疗阶段

除继续以上的治疗外，主要以控制感染、防止并发症为重点。

（1）加强防治继发感染的综合措施，如病室中的消毒隔离、口腔及呼吸道护理、气管切开后护理、合理使用抗生素等。

（2）纠正低氧血症是治疗中的重要环节。在血气分析监护下，选用合理的给氧方法和相应的氧流量，有二氧化碳潴留者采用鼻导管法低流量持续给氧，一般不宜采用高压氧治疗，以防肺泡破裂造成气胸、纵隔气肿。

（3）在呼吸道护理时要注意，气管、支气管的烧伤粘膜坏死脱落可发生于病后2~14d，多在7d前后，务必要及时使病人咯出或吸出之，以确保呼吸道通畅，忌作气管镜检查，以免将坏死粘膜推向下呼吸道，造成窒息。

（4）密切观察：因呼吸道粘膜受损严重，故病变吸收慢，病程长，易反复。注意有无气胸等并发症发生，防止窒息。若发现有并发症发生，应立即采取措施。

（5）眼灼伤：分秒必争彻底冲洗后，采取综合疗法：在24h内以3%硼酸液15~30min冲洗一次；维生素C 100~200mg球结膜下注射，每日1次，一般连用3d；0.387%依地酸液滴眼，15~30min滴一次，可用1~3d；夜间用0.5%四环素或红霉素眼膏涂眼。

（6）皮肤灼伤：流动的3%硼酸液或清水冲洗；2%~3%硼酸液湿敷24~48h；浅度者用湿润灼伤膏；深度者切痂后涂湿润灼伤膏。

3）预防

（1）生产过程中加强密闭化，液氨管线阀门应经常检修，防止意外破裂。加强通气，使车间空气中氨气最高容许浓度控制在30mg/L。贮存和运输液氨或氨水时，应防热、防晒，免受震动，以免膨胀炸裂；使用时应严格遵守安全操作规程，做好个人防护。

（2）平时组织对意外事故急救工作演练，一定要明确群发性急性氨中毒的急救程序，即现场救护程序（包括事故前准备阶段和现场救护阶段）与临床抢救治疗程序。

（3）严格执行"氨标"中规定，凡从事氨作业人员均应进行就业前体检，有明显的呼吸系统疾病、肝或肾脏疾病、心血管疾病者应禁忌从事氨作业。根据接触情况，对作业者每1～2年进行体检一次。

6.3.3 烧伤和烫伤

烧烫伤是生产和生活中常见的意外伤害，由热水、蒸气、火焰、电流、滚粥、热油、热蒸气等高温所造成的。对于某些烧烫伤，如果处理及时，就不会导致不良的后果。

1）临床表现及如何诊断

热烧伤的病理改变，取决于热源温度和受热时间。此外，烧伤的发生和发展还与病人机体条件相关。例如：某些衰弱的病人用40～50℃的热水袋时，不慎即可造成Ⅱ度烧伤，与组织对热力的传导不良有关。又如：小儿烧伤的全身反应，常比成人受相同面积（占体表%）和浓度的烧伤后严重。

为了正确处理烧烫伤，首先要判断烧伤的面积和深度，还要密切观察创面变化和全身状态，应警觉并发症的发生。

A. 烧伤的面积和深度

如上所述，这两个条件与病情轻重密切相关。

（1）面积的估计：以烧伤区占体表面积%表示。研究者曾提出几种估计方法。国内现有中国新九分法和手掌法，后者用小面积烧伤。

新九分法是将人体各部分别定为若干个9%，主要适用于成人；对儿童因头部较大而下肢较少，应稍加修改。手掌法是以伤者本人的一个手掌（指并拢）占体表面积1%估计。

（2）浓度的识别：按热力损伤组织的层次，烧伤分为Ⅰ°、浅Ⅱ°、深Ⅱ°和Ⅲ°。

Ⅰ°烧伤：仅伤及表皮。局部呈现红肿，故又称红斑性烧伤；有疼痛和烧灼痛，皮温稍增高。3～5日可好转痊愈，脱屑而不留瘢痕。

Ⅱ°烧伤：深达真皮，局部出现水泡，故又称水泡性烧伤。①浅Ⅱ°者仅伤及真皮浅层，一部分生发层健存。因渗出较多，水泡较饱满，破裂后创面渗液明显；创底肿胀发红；有剧痛和感觉过敏；皮温增高。若无感染等并发症，约2周可愈。愈后不留瘢痕，短期内可有色素沉着，皮肤功能良好。②深Ⅱ°者伤及真皮深层，尚残留皮肤附件。因变黑的表层组织稍厚，水泡较小或较扁薄，感觉稍迟钝，皮温也可稍低。去表皮后创面呈浅红或红白相间，或可见网状栓塞血管；表面渗液少，但底部肿胀明显。若无感染等并发症，3~4周可愈，因修复过程中间有部分肉芽组织，故留有瘢痕，但基本保存了皮肤功能。

Ⅲ°烧伤：伤及皮肤全层，甚至可深达皮下、肌肉、骨等。皮肤坏死、脱水后可形成焦痂，故又称焦痂性烧伤。创面无水泡，蜡白或焦黄，或可见树枝状栓塞血管；触之如皮革；甚至已炭化。感觉消失；皮温低。自然愈合甚缓慢，须待焦痂脱落，肉芽组织生长而后形成瘢痕，仅边缘有上皮，不仅丧失皮肤功能，而且常造成畸形。有的创面甚至难以自愈。

Ⅰ°烧伤容易识别。浅Ⅱ°与深Ⅱ°、深Ⅱ°与Ⅲ°的烧伤有时不易在伤后即刻识别。如作用于伤处的热力不均匀，不同深度的烧伤区之间可有移行部。表皮覆盖下的创面变化，一时未能看清。创面发生感染或者并发深度休克，可增加皮肤损害深度，致使Ⅱ°烧伤后损害如同深Ⅱ°，深Ⅱ°者如同Ⅲ°。

B. 烧伤严重性分度

为了设计治疗方案，特别是处理成批伤员时，筹组人力、物质条件，需要区别烧伤严重程度的分类。我国常用下列分度法：

轻度烧伤：Ⅱ°烧伤面积9%以下。

中度烧伤：Ⅱ°烧伤面积10%~29%；或Ⅲ°烧伤面积不足10%。

重度烧伤：总面积30%~49%；或Ⅲ°烧伤面积10%~19%；或Ⅱ°、Ⅲ°烧伤面积虽不达上述百分比，但已发生休克等并发症、呼吸道烧伤或有较重的复合伤。

特重烧伤：总面积50%以上；或Ⅲ°烧伤20%以上；或已有严重并发症。

另外，临床上还常称呼小、中和大面积烧伤，以示其损伤轻重，但区分标准尚未明确。

C. 局部病变

热力作用于皮肤和粘膜后，不同层次的细胞因蛋白质变性和酶失活等发生变质、坏死，而后脱落或结痂。强热力则可使皮肤、甚至其深部组织炭化。

烧伤区及其邻近组织的毛细血管，可发生充血、渗出、血栓形成等变化。渗出是血管通透性增高的结果，渗出液为血浆成分（蛋白浓度稍低），可形成表皮真皮间的水泡和其他组织的水肿。

D. 全身反应

面积较小，较浅表的烧烫伤，除疼痛刺激外，对全身影响不明显。面积较大、较深的烧烫伤，则可引起下述的全身性变化。

（1）血容量减少伤后 24~48h 内，毛细血管通透性增高，血浆成分丢失到组织间（第三间隙）、水泡内或体表外（水泡破裂后），故血容量减少，严重烧伤后，除损伤处渗出处，其他部位因受体液炎症介质的作用也可有血管通透性增高，故血容量更加减少。除了渗出，烧伤区因失去皮肤功能而蒸发水分加速，加重了脱水。

机体在血容量减少时，通过神经内分泌系统调节，降低肾的泌尿以保留体液，并产生口渴感。毛细血管的渗出经高峰期后可减少至停止，组织间渗出液可逐渐吸收。然而，如果血容量减少超过机体代偿能力，则可造成休克。

（2）能量不足和氮负平衡。伤后机体能量消耗增加，分解代谢加速，出现氮负平衡。

（3）红细胞丢失。较重的烧伤可使红细胞计数减少，其原因可能是血管内凝血、红细胞沉积、红细胞形态改变后易破坏或被网状内皮系统吞噬，故可出现血红蛋白尿和贫血。

（4）免疫功能降低。伤后低蛋白血症、氧自由基增多、某些因子（如 PGI2、IL-6、TNF 等）释出，均可使免疫力降低；加以中性粒细胞的趋化、吞噬和杀灭作用也削弱，所以烧伤容易并发感染。

2）并发症

（1）休克。早期多为低血容量性休克。继而并发感染时，可发生脓毒性休克。特重的烧烫伤因强烈的损伤刺激，可立即并发休克。

(2) 脓毒症。烧伤使皮肤对细菌的屏障作用发生缺陷；较重的病人还有白细胞功能和免疫功能的减弱。故容易发生感染。致病菌为皮肤的常存菌（如金黄色葡萄球菌等）或外源性沾染的细菌（如绿脓杆菌等）。化脓性感染可出现在创面上和焦痂下。感染还可能发展成为脓毒血症、脓毒性休克。此外，在使用广谱抗生素后，尤其在全身衰弱的病人，可继发真菌感染。

(3) 肺部感染和急性呼吸衰竭。肺部感染可能有多种原因，如呼吸道粘膜烧伤、肺水肿、肺不张、脓毒症等。还可能发生成人呼吸窘迫综合征或肺梗塞，导致急性呼吸衰竭。

(4) 急性肾功能衰竭。并发休克前后有肾缺血，严重时肾小囊和肾小管发生变质；加以血红蛋白、肌红蛋白、感染毒素等均可损害肾，故可导致急性肾功能衰竭。

(5) 应激性溃疡和胃扩张。烧伤后发生十二指肠黏膜的糜烂、溃疡、出血等，称为 Curling 溃疡，可能与胃肠道曾经缺血、再灌流后氢离子逆流损害粘膜有关。胃扩张常为早期胃蠕动减弱时病人口渴饮多量水所致。

(6) 其他。心肌功能降低，搏出量可减少，与烧伤后产生心肌抑制因子、感染毒素或心肌缺氧等相关。脑水肿或肝坏死也与缺氧、感染毒等相关。值得注意，烧伤的病死常为多系统器官衰竭所致。

3) 治疗原则

(1) 保护烧伤区，防止和尽量清除外源性沾染；

(2) 预防和治疗低血容量或休克；

(3) 治疗局部和全身的感染；

(4) 用非手术和手术的方法促使创面早日愈合，并尽量减少瘢痕所造成的功能障碍和畸形；

(5) 预防和治疗多系统器官衰竭。

对于轻度烧伤的治疗，主要是处理创面和防止局部感染，并可使用少量镇静药和饮料。

对于中度以上烧伤，因其全身反应较大和并发症较多见，需要局部治疗和全身治疗并重。在伤后 24~48h 内要着重防治低血容量性休克。对于创面，除了防治感染以外，要尽力使之早日愈合、对Ⅲ°者尤应如此。如能达到这两点要求，则中度以上烧伤也能较顺利地治愈。

4）现场急救

正确施行现场急救，为后继的治疗奠定良好基础。反之，不合理或草率的急救处理，会耽误治疗和妨碍愈合。

（1）保护受伤部位：①迅速脱离热源。如邻近有凉水，可先冲淋或浸浴以降低局部温度。②避免再损伤局部。伤处的衣裤袜之类应剪开取下，不可剥脱。转运时，伤处向上以免受压。③减少污染，用清洁的被单、衣服等覆盖创面或简单包扎。

（2）镇静止痛：①安慰和鼓励受伤者，使其情绪稳定、勿惊恐、勿烦躁。②酌情使用安定、哌替啶（杜冷丁）等。因重伤者可能已有休克，用药须经静脉，但又须注意避免抑制呼吸中枢。③手足烧伤的剧痛，常可用冷浸法减轻。

（3）呼吸道护理：火焰烧伤后呼吸道受烟雾、热力等损害，须十分重视呼吸道通畅，要及时切开气管（勿等待呼吸困难表现明显），给予氧气。已昏迷的烧伤者也须注意保持呼吸道通畅。

此外，注意有无复合伤，对大出血、开放性气胸；骨折等应先施行相应的急救处理。

5）创面处理

Ⅰ°烧伤创面一般只需保持清洁和防避再损伤，面积较大者可用冷湿敷或市售烧伤油膏以缓解疼痛。Ⅱ°以上烧伤创面需用下述处理方法。

A. 创面初期处理

指入院后当即处理，又称烧伤清创术，目的是尽量清除创面沾染。但已并发休克者须先抗休克治疗。使休克好转后方可施行。

修剪毛发和过长的指（趾）甲。擦洗创面周围的健康皮肤。以灭菌盐水或消毒液（如新洁尔灭、洗必泰、杜灭芬等）冲洗创面，轻轻拭去表面的沾附物，已破的水泡表皮也予清除，直至创面清洁。清创除了小面积烧伤可在处置室内施行，一般均应在手术室内施行。为了缓解疼痛，先注射镇痛镇静剂。

B. 新鲜创面用药

主要为了防治感染，促使创面消炎趋向愈合。应根据烧伤的浓度和面积选择药物。

（1）小面积的Ⅱ°烧伤、水泡完整者，可在表现涂以碘伏或洗必泰等；然后吸出泡内液体，加以包扎。

（2）较大面积的Ⅱ°烧伤、水泡完整，或小面积的水泡已破者，剪去水泡表皮；然后外用"湿润烧伤膏"（中西药合制）或其他烧伤膏（含制菌药和皮质醇），或用其他制剂的中西药药液（可以单层石蜡油纱布或药液纱布使药物粘附于创面）。创面暴露或包扎。

（3）Ⅲ°烧伤表面也可先涂以碘伏，准备去痂处理。

注意：创面不宜用龙胆紫、红汞或中药粉末，以免妨碍创面观察、也不宜轻易用抗生素类，因为容易引起细菌耐药。

C. 创面包扎或暴露

创面清洁和用药后可以包扎或暴露。包扎敷料可以保护创面、防止外源性沾染、吸收一部分渗液和辅助药物粘附于创面。但包扎后不便观察创面变化、阻碍体表散热、并不能防止内源性沾染，包扎过紧可影响局部血运。暴露创面可以随时观察创面变化，便于使用药物和处理创痂。但可能有外源性沾染或受到擦伤。所以这两种方法应根据具体情况选择。

（1）肢体的创面多用包扎法，尤其在手部和足部，指与趾应分开包扎。躯体的小面积创面也可用包扎法，先将一层油纱布或几层药液纱布铺盖创面，再加厚 2~3cm 的吸收性棉垫或制式敷料，然后自远而近以绷带包扎（尽可能露出肢端），均匀加压（但勿过紧）。包扎后，应经常检视敷料松紧、有无浸透、有无臭味、肢端循环等，注意有无高热、白细胞明显增多、伤处疼痛加剧等感染征象。敷料松脱时应再包扎，过紧者稍予放松。敷料浸透者须更换干敷料，如无明显感染，其内层可不必更换。如已发生感染，则需充分引流。浅Ⅱ°烧伤创面包扎后，若无不良情况，可保持 10~14d 首次更换敷料。深Ⅱ°或Ⅲ°的创面包扎后，3~4d 应更换敷料，以观察其变化，或需作痂皮、焦痂处理。温度高的环境内不适用大面积的包扎。

（2）头面、颈部和会阴的创面宜用暴露法。大面积创面也应用暴露法。所用的床单、治疗巾、罩布等皆需经过灭菌处理，病室空间应尽量少菌，保持一定的温度和湿度。在渗出期，创面上可用药物（制菌、收敛），定时以棉球吸去过多的分泌物，以减少细菌繁殖，避免形成厚痂。创面尽可能不受压或减少受压，为此要定时翻身或用气垫床等。在痂皮或焦痂形成前、后，都要注意其深部有无感染化脓，除了观察体温、白细胞等变化，必要时可用粗针穿刺或稍剪开痂壳观察。

（3）全身多处烧伤可用包扎和暴露相结合的方法。

D. 去痂

深度烧伤的创面自然愈合的过程缓慢、甚或不能自愈。在创面未愈期间，不但病人痛苦、体质消耗，而且感染可扩展或发生其他并发症。这类创面自然愈合后形成瘢痕或瘢痕增生症（瘢痕疙瘩），可造成畸形和功能障碍。为此，应积极处理，使创面早日愈合。原则上，深度烧伤宜用暴露疗效，在 48~72h 内开始手术切痂和植皮。面积愈大，愈应采取积极措施，尽可能及早去除痂壳，植皮覆盖创面。

（1）手术切痂和削痂　切痂主要用于Ⅲ°烧伤，平面应达深筋膜（颜面和手背处应稍浅）。若深部组织已失活，一并切除。创面彻底止血后，尽可能立即植皮。削痂主要用于深Ⅱ°烧伤，削去坏死组织，使成新鲜或基本新鲜的创面，然后植皮。在手、关节等部位的深Ⅱ°烧伤，为了早日恢复功能，也可用切痂法。此类手术出血较多，在肢体上可用止血带以减少出血，术前应准备足够的输血。切痂和削痂均要辨明坏死组织层次，否则影响植皮成功等。

（2）脱痂　先保持痂皮表面干燥，尽可能预防痂下感染。等痂下组织自溶、痂壳与基底分离时（约2周以后），剪去痂壳。创面为肉芽组织，并常有程度不等的感染。用药液湿敷、浸洗等方法，控制感染和使肉芽组织生长良好。创面肉芽无脓性物、色泽新鲜、无水肿、触之渗出鲜血，即可植皮。此法是逐步去痂，称为蚕蚀脱痂法。为了减轻感染和加速痂皮分离，可在创面施用药物如抗生素、蛋白酶或中药制剂等，但尚未取得成熟的经验。脱痂法较切痂、削痂法简便，但难免感染和延长治疗时间，故不宜作为首选的去痂方法。

E. 植皮

目的是使创面早日愈合，从而可减少烧伤的并发症，利于功能恢复。所用的自体皮为中厚或薄层，制成大张网状，小片邮票状或粒状；导体皮取自新鲜尸体（非传染、感染性疾病、恶性肿瘤等致死者），新鲜使用或深低温保存待用；异种皮多取自小猪。自体皮移植成活后，其周缘上皮可生长。异体皮和异种皮在创面上移植成活后终将溶解，故适用于自体皮片不足时，用自体、异体皮相间移植法，在异体皮溶解过程中，自体皮生长伸展覆盖创面。历来，自体皮常取自大腿和腹部；现在治疗大面积烧伤时选用头皮，头皮真皮层较厚且血循环良好，可供重复取薄皮而不致影响本身功能。

F. 感染创面的处理

感染不仅侵蚀组织阻碍创面愈合，而且可导致脓毒血症和其他并发症，必须认真处理以消除致病菌、促进组织新生。

创面脓性分泌物，选用湿敷、半暴露法（薄层药液纱布覆盖）或浸浴法等去除，勿使形成脓痂。要使感染创面生长新鲜的肉芽组织（有一定的防卫作用），以利植皮或自行愈合。

创面用药：①一般的化脓菌（金黄色葡萄球菌、白色葡萄球菌、大肠杆菌等）感染，可用呋喃西林、新洁尔灭、洗必泰、优锁儿等，或黄连、虎杖、四季青、大黄等，制成药液纱布湿敷或浸洗。②绿脓杆菌感染时，创面有绿色脓液、肉芽组织和创缘上皮受侵蚀、坏死组织增多等改变，应作细菌学检查。可用乙酸、苯氧乙醇、磺胺灭脓、磺胺嘧啶银等湿敷或霜剂涂布。③真菌感染（白色念珠菌、状菌、毛霉菌等）发生于使用广谱抗生素、肾上腺皮质激素等的重症病人，创面较灰暗、有霉斑或颗粒、肉芽水肿苍白、敷料面也可有霉斑，作真菌检查可确定。创面选用大蒜液、碘甘油、制霉菌素、三苯甲咪唑等；同时须停用广谱抗生素和激素。

较大的创面感染基本控制后，肉芽组织生长良好，应及时植皮促使创面愈合。

6) 全身治疗

中度以上烧伤引起明显的全身反应，早期即可发生休克等。因此必须在伤后重视全身治疗,已有休克等危象者更应在处理创面前先着手治疗。

A. 防治低血容量性休克

主要方法是根据Ⅱ°、Ⅲ°烧伤面积,补液以维持有效血循环量。

(1) 早期补液的量和种类。国内、外研究者对烧伤补液疗法设计了各种方案。按此方案,一体重60kg烧伤Ⅱ°面积30%的病人,每一24h内补液量应为[60×30×1.5(额外丢失)]+2000(基础需水量)=4700(mL),其中晶体液1800mL、胶体液900mL和葡萄糖液2000mL。第二个24h应补晶体液900mL、胶体液450mL和葡萄糖液2000mL(共3350mL)。晶体液首选平衡盐液,因可避免高氯血症和纠正部分酸中毒;其次选用等渗盐水等。胶体液首选血浆,以补充渗出丢失的血浆蛋白;但血浆不易得,可用右旋糖酐、羟乙基淀粉等暂时代替;全血因含红细胞,在烧伤后血浓缩时不相宜,但深度烧伤损害多量红细胞时则适用。

(2) 补液方法。由于烧伤后8h内渗出迅速使血容量减少,故第一个24h补液量的1/2应前8h内补入体内,以后16h内补入其余1/2量。就扩充血容量而论,静脉补液比较口服补液确实有效。尤其对面积较大或(和)血压降低者,需快速静脉输液。要建立有效的周围或中心静脉通路(穿刺、置管或切开)。对原有心、肺疾病者,又须防避过快输液所引起的心力衰竭、肺水肿等。输液种类开始选晶体液,利于改善微循环;输入一定量(并非全部估计量)晶体液后,继以一定量的胶体液和5%葡萄糖;然后重复这种顺序。5%葡萄糖不应过多或将估计量全部连续输注,否则会明显加重水肿。Ⅲ°烧伤面积超过10%或休克较深者,应加输碳酸氢钠以纠正酸中毒、碱化尿液。

以上为伤后48h的补液方法。第3日起静脉补液可减少或仅用口服补液,以维持体液平衡。

因为烧伤病人的伤情和机体条件有差别,补液的效应也不同,所以必须密切观察具体情况,方能调节好补液方法。反映血容量不足的表现有:①口渴。②每小时尿量不足30mL(成人),比重高。③脉搏加快和血压偏低(或脉压减少)。④肢体浅静脉和甲床下毛细血管不易充盈。⑤烦躁不安。⑥中心静脉压偏低。较重的、尤其是并发休克的烧伤病人,需留置导尿管和中心静脉导管以便监测。此外，还需化验血红蛋白和红细胞比积、血 pH 和 CO_2 结合力等。存在血容量不足表现时输液应较快，待表现好转时输液应减慢，直至能口服饮料维持。有时快速输液使血容量一时间过大（中心静脉压偏高），宜用利尿剂以减少心脏负荷。

  B. 全身性感染的防治

  烧伤后的全身性感染，少数在早期可能与休克合并发生（称暴发性脓毒血症），后果极严重；其余是至组织水肿液回收阶段（多在伤后48~72h）较易发生；焦痂分离或广泛切痂时，又容易发生。实际是在创面未愈时细菌均有可能侵入血流。特别在机体抵抗力降低的情况下，如深度烧伤范围大，白细胞和免疫功能降低，脓毒血症容易发生。表现有：①体温超过39℃或低于36.5℃。②创面萎陷，肉芽色暗无光泽，坏死组织增多，创缘炎症反应突然退缩，新上皮自溶等。③创面或健康皮肤处出现斑点。④白细胞计数过高或过低。⑤烦躁不安、反应淡漠、嗜睡等神志失常。⑥休克征象。⑦呼吸窘迫急促、腹胀等。

  （1）防治感染必须从认真处理创面着手。否则，单纯依赖注射抗生素难以有效。

  （2）选用抗生素：①伤后早期宜用大剂量青霉素G注射，可合用棒酸或青霉烷砜（β内酰酶抑制剂），对金黄色葡萄球菌和常见的混合感染有效。②创面明显感染时常为革兰阳性菌和阴性菌的混合感染，可选用氨苄青霉素、甲硝唑、红霉素、林可霉素、头孢噻吩、头孢唑林等。③有绿脓杆菌感染时可选用羟苄青霉素、磺苄青霉素、头孢磺啶、多粘菌素B等。选择抗生素注射注意病人的肝、肾等功能状态，以防大剂量用药产生更多的副作用。

  清热解毒中药多有抗菌效能，此类注射制剂如四季青、三棵针、"热毒清"等也可选用。

  （3）免疫增强疗法：①伤后及时注射破伤风抗毒血清。②对绿脓杆菌感染可用免疫球蛋白或免疫血浆、联合绿脓杆菌素疫苗或联合疫苗（含金黄色葡萄球菌）。③新鲜血浆可增强一般的免疫功能。

  C. 营养治疗

  烧伤后机制消耗增加，与受累面积、浓度、感染等的程度相一致。而营养不足可延迟创面愈合、降低免疫力、肌无力等，所以需要补充，已受到普遍重视。

支持营养可经胃肠道和静脉,尽可能用胃肠营养法,因为接近生理而并发症较少。

因静息能量消耗明显增加,需要补充的总能量可达 1050～1680kJ(2500～4000kcal),应分别以碳水化合物、蛋白质和脂肪提供能量的 50%、20% 和 30%。其中碳水化合物和脂肪应逐渐增量,开始时稍低于需要量,以防形成血糖过高(导致昏迷)和血脂肪酸过多。氨基酸合剂中宜增加精氨酸、谷氨酰胺和支链氨基酸。营养支持应延续到创面愈合以后一段时间。

7)护理

护理是烧伤治疗中不可忽视的组成部分,精心护理能促使烧伤较顺利治愈,减少并发症和后遗症,对中度以下烧伤者尤其重要。接治病人起就应重视心理治疗,消除其疑虑和恐惧,树立信心和配合治疗。要保持病床、用具和病室清洁。严格实施消毒灭菌工作和烧伤病室管理常规。根据具体病情制定护理计划,要有重点。例如:对面部烧伤者,应重视眼的护理、上呼吸道护理、口腔卫生和饮食等;对四肢关节和手的烧伤,应用夹板、绷带保持适当的位置角度,以利后期功能恢复。注意病人体重变化,对体重迅速降低者要实施胃肠要素营养或静脉高(全)营养。密切观察创面和全身变化(如体温、生命体征、液体出量和入量等),并详细记录作为调整治疗的依据。

8)器官并发症的防治

预防烧伤后器官并发症的基本方法,是及时纠正低血容量、迅速逆转休克、以及预防或减轻感染。同时又要根据具体病情,着重维护某些器官的功能。例如:出现尿少、血红蛋白或尿管型等,应考虑血容量不足、溶血或其他肾损害因子等,采取增加灌注、利尿、使尿碱化、停用损害肾的抗生素(如庆大霉素、多粘菌素)等措施。出现肺部感染、肺不张等,应积极吸痰和祛痰、选用抗菌药物、设法改善换气功能和给氧等。

第7章 各类创伤现场急救

7.1 颅脑损伤的分类和现场急救

颅脑损伤（head injury）指暴力作用于头颅引起的损伤。包括头部软组织损伤、颅骨骨折和脑损伤。其中脑损伤后果严重，应特别警惕。病因常见于意外交通事故、工伤或火器操作。

7.1.1 临床分型

该方法主要应用于临床诊断，以颅脑损伤部位和损伤的病理形态改变为基础。首先根据损伤部位分为颅伤和脑伤两部分，二者又分为开放性和闭合性损伤。脑损伤依据硬脑膜是否完整，分为开放性颅脑损伤和闭合性颅脑损伤。前者的诊断主要依据硬脑膜破裂，脑脊液外流，颅腔与外界交通。闭合性脑损伤又可以分为原发性和继发性两类。

临床应用分型只能对颅脑损伤患者进行受伤部位和病理类型做出诊断和分型，而无法对患者病情的轻重进行判断。我国于1960年首次制定了"急性闭合性颅脑损伤的分型"标准，按昏迷时间、阳性体征和生命体征将病情分为轻、中、重3型，经两次修订后已较为完善，已成为国内公认的标准。

1）轻型

（1）伤后昏迷时间0~30min；

（2）有轻微头痛、头晕等自觉症状；

（3）神经系统和CSF检查无明显改变。主要包括单纯性脑震荡，可伴有或无颅骨骨折。

2）中型

（1）伤后昏迷时间 12h 以内；

（2）有轻微的神经系统阳性体征；

（3）体温、呼吸、血压、脉搏有轻微改变，主要包括轻度脑挫裂伤，伴有或无颅骨骨折及蛛网膜下腔出血，无脑受压者。

3）重型

（1）伤后昏迷 12h 以上，意识障碍逐渐加重或再次出现昏迷；

（2）有明显神经系统阳性体征；

（3）体温、呼吸、血压、脉搏有明显改变，主要包括广泛颅骨骨折、广泛脑挫裂伤及脑干损伤或颅内血肿。

4）特重型

（1）脑原发损伤重，伤后昏迷深，有去大脑强直或伴有其他部位的脏器伤、休克等；

（2）已有晚期脑疝，包括双侧瞳孔散大，生命体征严重紊乱或呼吸已近停止。

7.1.2 现场抢救

现场急救要点：保护外露脑组织、严禁堵塞耳鼻、头高位。

现场急救顺序为：

（1）保持呼吸道通畅：急性颅脑损伤的病人由于多因出现意识障碍而失去主动清除分泌物的能力，可因呕吐物或血液、脑脊液吸入气管造成呼吸困难，甚至窒息。故应立即清除口、鼻腔的分泌物，调整头位为侧卧位或后仰，必要时就地气管内插管或气管切开，以保持呼吸道的通畅，若呼吸停止或通气不足，应连接简易呼吸器作辅助呼吸。

（2）制止活动性外出血：头皮血运极丰富，单纯头皮裂伤有时即可引起致死性外出血，开放性颅脑损伤可累计头皮的大小动脉，颅骨骨折可伤及颅内静脉窦，同时颅脑损伤往往合并有其他部位的复合伤均可造成大出血引起失血性休克，而导致循环功能衰竭。因此制止活动性外出血，维持循环功能极为重要。现场急救处理包括：

①对可见的较粗动脉的搏动性喷血可用止血钳将血管夹闭。

②对头皮裂伤的广泛出血可用绷带加压包扎暂时减少出血。在条件不允许时，可用粗丝线将头皮全层紧密缝合，到达医院后需进一步处理时再拆开。

③静脉窦出血现场处理比较困难，在情况许可时最好使伤员头高位或半坐位转送到医院再做进一步处理。

④对已暴露脑组织的开放性创面出血可用明胶海绵贴附再以干纱布覆盖，包扎不宜过紧，以免加重脑组织损伤。

（3）维持有效的循环功能：单纯颅脑损伤的病人很少出现休克，往往是因为合并其他脏器的损伤、骨折、头皮裂伤等造成内出血或外出血而致失血性休克引起循环功能衰竭。但在急性颅脑损伤时为防止加重脑水肿而不宜补充大量液体或生理盐水，因此及时有效的制血，快速地输血或血浆是防止休克，避免循环功能衰竭的最有效的方法。

（4）局部创面的处理：以防止伤口再污染、预防感染、减少或制止出血为原则，可在简单清除创面的异物后用生理盐水或凉开水冲洗后用无菌敷料覆盖包扎，并及早应用抗生素和破伤风抗毒素。

（5）防止和处理脑疝：当患者出现昏迷及瞳孔不等大，则是颅脑损伤严重的表现，瞳孔扩大侧通常是颅内血肿侧，应静推或快速静脉点滴（15～30min内）20%甘露醇250mL，同时用速尿40mg静推后立即转送，并注意在用药后患者意识和瞳孔的变化。

7.2 颈部损伤

颈部损伤是指由于机械外力，或慢性劳损，或风寒侵袭等因素所引起的颈部肌肉、肌腱、筋膜、韧带软组织的损伤。并以局部疼痛、肿胀、功能活动受限为主要特征。颈部器官尤其是颈部的大血管、脊髓等，都是重要的结构，此处受伤可危及生命，是法医学上常见的损伤之处。

急救处理：颈部开放性损伤的主要危险为出血、休克、窒息截瘫及昏迷等。

急救处理应执行创伤复苏的 ABC 原则，即首要注意气道（airway）、出血（bleeding）和循环（circulation）状况，挽救生命，减轻病残。

（1）止血：颈部开放性损伤常伤及颈部大血管，出血快而多是颈部损伤最重要的致死原因。

①指压止血法：用于颈总动脉紧急止血。以拇指在胸锁乳突肌的前缘，齐环状软骨平面，向第 6 颈椎横突施压，可闭合颈总动脉。亦可将手指伸入伤口内紧压出血血管。

②臂颈加压包扎止血法：用于单侧小血管出血。将健侧上肢举起贴于头侧。以举起的手臂为支柱将举起的手臂和颈一起加压包扎，此法不致压迫呼吸道，有压迫止血作用。加压包扎止血时切不可单独将绷带围绕颈部加压包扎，以免压迫呼吸道，造成呼吸困难。小血管出血，亦可采用填塞止血法。

③加压包扎：颈部大静脉破损时，应立即加压包扎。因为颈部大静脉与筋膜密切相连，静脉破裂后，破口不能闭合反而张开。当吸气时胸腔负压可将空气吸入静脉破口中，发生空气栓塞。故伤后应立即加压包扎，严密观察患者的呼吸情况。

注意：初步处理时，忌用止血钳盲目钳夹止血。特别是颈总和颈内动脉出血时，盲目钳夹会导致同侧大脑供血不足。此外，出血点不明时切勿盲目钳夹止血因易损伤颈部重要的血管、神经等造成不良后果。

④手术探查：初步处理无效，须立即手术进行气管插管术及颈部切开探查术止血。有作者认为，颈部大血管损伤的处理，可按颈部 3 区分别对待。

a. 血流动力学不稳定者，病情危急，无论损伤何区，均需即刻手术探查止血

b. 血流动力学稳定者可行选择性处理：Ⅰ区邻近胸腔，Ⅲ区邻近颅底，解剖复杂，处理较难，多需辅助检查（血管造影、内镜检查等）确定损伤部位和性质，决定手术进路和措施。Ⅱ区损伤，以往多采取立即手术探查血管，由于阴性率较高，近年主张亦行选择性处理，效果较好。

（2）抗休克：紧急止血是抗休克最重要的前提。

①出血虽已止住，但因失血过多，出现或即将出现休克时应立即测量血压。

收缩压低于 12.0kPa（90mmHg），脉搏高于 100 次/min 应考虑休克的存在。应迅速双侧静脉输液。给予乳酸林格液 2000mL，一般可使丢失 10%～20% 血容量的成年人恢复血容量。严重血容量降低、重症休克或婴幼儿休克及原有肝脏功能损害者，可改用碳酸氢钠林格液或碳酸氢钠与等渗盐水的混合液，或葡萄糖加碳酸氢钠溶液。

②严重血容量不足或中等血容量不足，而有继续出血者，必须加输全血，使血红蛋白达到 100g/L 以上，以维持正常血容量及重要器官的生理功能。然后继续输入平衡电解质溶液。

③动脉输血能迅速恢复血压，对大量失血性休克者确为有效的方法。

④其他：如给予吸氧、镇痛、镇静、保暖和头低位等。

（3）解除呼吸困难：颈部开放性损伤时必须密切观察呼吸情况。呼吸困难时立即采取有效通畅措施。

①排除气道异物：用吸引器或注射器抽吸口腔、喉咽或喉气管破口内的血液和分泌物等。如发现异物，应立即取出。

②防止舌后坠：舌后坠者，应用舌钳将舌体牵出口外或托起下颌骨，或插入通气管，以解除呼吸困难。

③气管插管与断端缝合：喉气管破裂时，可经破口处暂时插入气管套管，或适宜的塑料管和橡皮管等如喉气管断离应立即将向下退缩的气管向上拉起并作暂时缝合固定，在断口内暂时置入适当的管子，以维持呼吸道通畅

④低位气管切开：待患者运抵有条件的医疗机构后，应立即进行低位气管切开术，以免伤口内长期置管，造成喉气管瘢痕性狭窄。

7.3 胸部损伤

胸部损伤（Thoracic trauma）由车祸、挤压伤、摔伤和锐器伤所致的损伤，根据损伤暴力性质不同，胸部损伤可分为钝性伤和穿透伤；根据损伤是否造成胸膜腔与外界沟通，可分为开放伤和闭合伤。

7.3.1 病因

胸部损伤（Thoracic trauma）由车祸、挤压伤、摔伤和锐器伤所致，包括胸壁挫伤、裂伤、肋骨及胸骨骨折、气胸、血胸、肺挫伤、气管及主支气管损伤、心脏损伤、膈肌损伤、创伤性窒息等，有时可合并腹部损伤。

7.3.2 分类

根据损伤暴力性质不同，胸部损伤可分为钝性伤和穿透伤；根据损伤是否造成胸膜腔与外界沟通，可分为开放伤和闭合伤。

7.3.3 伴随症状

7.3.3.1 肋骨骨折的临床表现

肋骨骨折多发生在第4~7肋；第1~3肋有锁骨、肩胛骨及肩带肌群的保护而不易伤折；第8~10肋渐次变短且连接于软骨肋弓上，有弹性缓冲，骨折机会减少；第11和12肋为浮肋，活动度较大，甚少骨折。但是，当暴力强大时，这些肋骨都有可能发生骨折。在儿童，肋骨富有弹性，不易折断，而在成人，尤其是老年人，肋骨弹性减弱，容易骨折。

（1）单处肋骨骨折时，表现为局部胸痛，深呼吸或咳嗽时疼痛加重。检查局部无明显异常，或有轻度皮下组织淤血肿胀，但骨折处有压痛。胸廓挤压试验阳性（用手前后挤压胸廓可引起骨折部位剧痛）有助于诊断。

（2）多处肋骨多处骨折，成为连枷胸。可产生胸壁软化，形成反常呼吸运动。严重连枷胸多合并肺挫伤，可导致气短、发绀和呼吸困难，是胸外伤死亡原因之一。第1或第2肋骨骨折合并锁骨骨折或肩胛骨骨折时，应注意有无锁骨下血管、神经及胸内脏器损伤。下胸部肋骨骨折，要注意有无膈肌及腹腔脏器损伤。

7.3.3.2 气胸

胸膜腔内积气称为气胸。气胸的形成多由于肺组织、气管、支气管、食管破裂，空气逸入胸膜腔，或因胸壁伤口穿破胸膜，胸膜腔与外界相通，外界空气进入所致。根据胸膜腔压力情况，气胸可以分为闭合性气胸、开放性气胸和张力性气胸 3 类。

1）闭合性气胸

发生气胸时间较长且积气量少的病人，无需特殊处理，胸腔内的积气一般可在 1~2 周内自行吸收。中量或大量气胸需进行胸膜腔穿刺术，或闭式胸腔引流术，以排除胸膜腔积气，促使肺尽早膨胀。

2）开放性气胸

开放性气胸时，外界空气随呼吸经胸壁缺损处自由进入胸膜腔。胸壁缺损直径 >75px 时，胸内压与大气压相等，呼吸困难程度与胸壁缺损的大小密切相关。由于伤侧胸内压显著高于健侧，纵隔向健侧移位，使健侧肺扩张也明显受限。呼、吸气时，两侧胸膜腔压力不均衡并出现周期性变化，使纵隔在吸气时移向健侧，呼气时移向伤侧，称为纵隔扑动。纵隔扑动和移位会影响腔静脉回心血流，引起循环障碍。

临床表现主要为明显的呼吸困难、鼻翼扇动、口唇发绀、颈静脉怒张。伤侧胸壁可见伴有气体进出胸腔发出吸吮样声音的伤口，称为胸部吸吮伤口。气管向健侧移位，伤侧胸部叩诊鼓音，呼吸音消失，严重者伴有休克。胸部 X 线检查可见伤侧胸腔大量积气，肺萎陷，纵隔移向健侧。

3）张力性气胸

为气管、支气管或肺损伤处形成活瓣，气体随每次吸气进入胸膜腔并积累增多，导致胸膜腔压力高于大气压，又称为高压性气胸。伤侧肺严重萎陷，纵隔显著向健侧移位，健侧肺受压，导致腔静脉回流障碍。高于大气压的胸内压，驱使气体经支气管、气管周围疏松结缔组织或壁层胸膜裂伤处，进入纵隔或胸壁软组织，形成纵隔气肿或面、颈、胸部的皮下气肿。

张力性气胸病人表现为严重或极度呼吸困难、烦躁、意识障碍、大汗淋漓、发绀。气管明显移向健侧，颈静脉怒张，多有皮下气肿。伤侧胸部饱满，叩诊呈鼓音；听诊呼吸音消失。胸部 X 线检查显示胸腔严重积气，肺完全萎陷、纵隔移位，并有纵隔和皮下气肿征象。胸腔穿刺时可见高压气体将空针芯向外推。不少病人有脉细快、血压降低等循环障碍表现。

7.3.3.3 血胸

胸膜腔积血称为血胸，全部胸部损伤中70%有不同程度的血胸，与气胸同时存在称为血气胸。

血胸的临床表现与出血量、速度和个人体质有关。一般而言，成人血胸量≤0.5L为少量血胸，0.5~1.0L为中量，>1.0L为大量。伤员会出现不同程度的面色苍白、脉搏细速、血压下降和末梢血管充盈不良等低血容量休克表现；并有呼吸急促，肋间隙饱满，气管向健侧移位，伤侧叩诊浊音和呼吸音减低等胸腔积液的临床和胸部X线表现。立位胸片可发现200mL以上的血胸，卧位时胸腔积血≥1000mL也容易被忽略。胸膜腔穿刺抽出不凝固的血可明确诊断。

7.3.4 现场急救及处理

院前急救处理包括基本生命支持与严重胸部损伤的紧急处理。

基本生命支持的原则为：维持呼吸通畅、给氧、控制外出血、补充血容量、镇痛、固定长骨骨折、保护脊柱（尤其是颈椎），并迅速转运。威胁生命的严重胸外伤需在现场施行特殊急救处理，具体急救措施如下：

（1）肋骨骨折的治疗原则为止痛、保持呼吸道通畅、预防肺部感染。

单处肋骨骨折不需要整复及固定，治疗主要是止痛，可口服止痛药。多根多处肋骨骨折，胸廓浮动，选用下述适宜方法处理，以消除反常呼吸运动。

①加压包扎法：在胸壁软化区施加外力，或用厚敷料覆盖，加压固定。这只适用于现场急救或较小范围的胸壁软化；

②牵引固定法：适用于大块胸壁软化；

③手术固定法：适用于因胸部外伤合并症需开胸探查的患者。严重胸部外伤合并肺挫伤的患者，出现明显的呼吸困难，发绀，呼吸频率>30次/min或<8次/min，动脉血氧饱和度<90%或动脉血氧分压<60mmHg，动脉二氧化碳分压>55mmHg，应气管插管机械通气支持呼吸。正压机械通气能纠正低氧血症，还能控制胸壁反常呼吸运动。

开放性肋骨骨折的胸壁伤口需彻底清创，固定骨折断端。如胸膜已穿破，需放置闭式胸腔引流。手术后应用抗生素预防感染。

（2）开放性气胸的急救处理要点：将开放性气胸立即变为闭合性气胸，赢得时间，并迅速转送。使用无菌敷料或清洁器材制作不透气敷料和压迫物，在伤员用力呼气末封盖吸吮伤口，并加压包扎。转运途中如伤员呼吸困难加重，应在呼气时开放密闭敷料，排出高压气体后再封闭伤口。送达医院后的处理：给氧，补充血容量，纠正休克；清创、缝合胸壁伤口，并作闭式胸腔引流；给予抗生素，鼓励病人咳嗽排痰，预防感染；如疑有胸腔内脏器严重损伤或进行性出血，则需行开胸探查。

（3）张力性气胸是可迅速致死的危急重症。院前或院内急救需立即在第2肋间隙使用粗针头穿刺胸膜腔减压，变张力性为开放性，在紧急时可在针柄部外接剪有小口的柔软塑料袋、气球或避孕套等，使胸腔内高压气体易于排出，而外界空气不能进入胸腔。进一步处理应安置闭式胸腔引流，使用抗生素预防感染。

（4）血胸的治疗：治疗非进行性血胸可根据积血量多少，采用胸腔穿刺或闭式胸腔引流术治疗。原则上应及时排出积血，促使肺复张，改善呼吸功能，并使用抗生素预防感染。

7.4 腹部损伤

多数腹部损伤同时有严重的内脏损伤，如果伴有腹腔实质脏器或大血管损伤，可因大出血而导致死亡；空腔脏器受损伤破裂时，可因发生严重的腹腔感染而威胁生命。早期正确的诊断和及时合理的处理，是降低腹部创伤死亡的关键。

腹部损伤可分为开放性和闭合性两大类。在开放性损伤中，以分为穿透伤（多伴内脏损伤）和非穿透伤（有时伴内脏损伤）。根据入口与出口的关系，分为贯通伤和盲管伤。根据致伤源的性质不同，也有将腹部损伤分为锐器伤和钝性伤。锐器伤引起的腹部损伤均为开放性的；钝性伤一般为闭合性损伤。

7.4.1 临床表现

1）腹痛

怀疑腹部有损伤者，首先要检查腹部，有无压痛、反跳痛。

2）休克

早期是由于疼痛和失血造成，晚期是感染中毒性休克。

3）感染

病人可出现高烧、寒战、血中白细胞升高。

7.4.2 现场急救

1）急救要点

早期发现脏器损伤；禁食水；脏器脱出者禁止还纳；腹部异物，包扎固定，禁止拔出；早期送医院手术治疗。

2）急救措施

（1）加强生命维护，包括气道处理、呼吸支持、循环支持。合并其他部位严重损伤时，优先处理最致命的创伤，严重腹部损伤病人多数发生休克，立即进行预防休克治疗。保暖、防暑、保持病人安静、止痛和补充液体。

（2）腹部创口和肠脱出的处理：腹部开放性损伤创口用干净敷料包扎。当肠管从腹壁创口脱出时，一般不应将脱出的肠管送回腹腔，以免加重腹腔感染，可用大块无菌敷料覆盖后扣上饭碗或类似器皿，进行保护性包扎。

（3）不能给予口服药，不能使用兴奋药、止痛药和血管活性药。

（4）急救处理后，在严密观察下尽快后送，后送途中，要用衣服垫于膝后，是髋、膝呈半屈状以减轻病人腹壁张力，减轻痛苦。

7.5 骨折

骨或软骨的完整性或连续性遭到破坏的损伤，叫做骨折。骨折分为闭合性与开放性两种，前者皮肤完整；后者皮肤破裂，骨折端与外界相通。运动中发生的骨折多为闭合性骨折，它是运动创伤中严重的损伤之一。如何知道运动创伤中有没有骨折呢？以下几征象可以帮助我们了解是否存在骨折：

1）碎骨声

骨折时伤员偶可听到碎骨互相摩擦发出的声音。

2）疼痛

由于骨膜破裂，骨的断端对软组织的刺激和局部肌肉痉挛所致。这种疼痛一般剧烈，活动时加剧，严重时可发生休克。

3）肿胀及皮下淤血

骨折时，由于附近软组织损伤和血管破裂，可出现肿胀及皮下淤血。

4）功能丧失

骨完全折断后，失去了杠杆和支持作用，加上疼痛，功能因而丧失。

5）畸形

由于外力及肌肉痉挛，使断端发生重叠、移位或旋转，造成成角畸形和肢体变短现象。

6）压痛和震痛

骨折处有明显压痛。有时在远离骨折处轻轻震动或捶击，骨折处也出现疼痛。

7）假关节活动及骨摩擦音

完全骨折时局部可出现类似关节的活动，移动时可产生骨摩擦音。这是骨折特有的征象。

8）X 线检查

必要时做 X 线检查，可确定是否骨折及骨折的性质。

如果自己判断可能是骨折了，应立即用夹板固定，无夹板时也可用书本等固定，否则触及血管，会造成畸形，这样做即使没有骨折也无坏处。另外，准备急救物品和药品，如无菌敷料（纱布和纱垫等）、绷带、三角巾等。

7.5.1 锁骨骨折

症状：锁骨变形，有血肿，肩部活动时疼痛加重。

处理：这时应尽量减少对骨折部位的刺激，以免损伤锁骨下血管，只用三角巾悬吊上肢即可。如无三角巾可用围巾代替。

7.5.2 上臂骨折（肱骨干骨折）

症状：上臂肿胀、瘀血、疼痛。活动时出现畸形。上肢活动受限制。

处理：用夹板先放后侧，再放前侧，最后放内、外侧夹板，然后用四条绷带或 2~3 条三角巾固定。由于桡神经紧贴肱骨干，固定时骨折部位要加厚垫保护以防止桡神经损伤（桡神经负责支配整个上肢的伸肌功能。桡神经一旦受损，便不能伸肘，不能抬腕和手指伸直有障碍）。同时肘部要弯曲，悬吊上肢。如果现场没有夹板等固定物，可用三角巾将上臂固定在身体上，方法是将三角巾叠成宽带后通过上臂骨折部位绕过胸前和胸后在对侧打结固定，同样上臂也要悬吊在胸前。

7.5.3 前臂骨折

症状：前臂骨折分桡骨或尺骨，或桡尺骨双骨折。活动时有非关节运动，显现畸形。

处理：前臂骨折对血管神经损伤机会不大。可用小夹板或用上下两块木板固定，肘部弯曲 90°悬吊在胸前。也可用书本垫在前臂下方直接吊起前臂。

7.5.4 股骨骨折（大腿骨骨折）

症状：股骨干粗大，只有巨大暴力如车祸等所致。损伤大时出血多，易出现休克。骨折后大腿肿胀、疼痛、变形或缩短。

处理：如果有条件，可用一块长夹板从伤侧腋窝下到脚后跟，一块短夹板从大腿根内侧到脚后跟，同时将另一条腿与伤肢并拢，再用七条宽带固定，固定时在膝关节、踝关节骨突出部位放上棉垫保护，空隙的地方要用柔软物品填充。固定时先从骨折上下两端开始，然后固定膝、踝、腋下和腰部。足尖保持垂直位置固定。如果没有夹板也可用三角巾、腰带、布带等将双腿固定在一起，注意两膝、两踝及两腿间隙之间垫好衬垫。

7.5.5 小腿骨折

症状：出血、肿胀。

处理：小腿骨折固定时切忌固定过紧，同时在骨折部位要加厚垫保护。用夹板固定时，最好用五块夹板，如果只有两块木板则分别放在伤腿的内侧和外侧；如只有一块木板，就放在伤腿外侧或两腿之间，再用绷带或三角巾分别固定膝上部、膝下部、骨折上、骨折下及踝关节处。同样要保持足尖垂直，"8"字固定；如果没有夹板，可将两条腿固定在一起。方法同股骨骨折固定。

7.5.6 脊柱骨折

脊柱骨折发生在颈椎和胸腰椎。所以怀疑有骨折，尤其是脊柱骨折时，不能让受伤者试着行走，并且搬运脊柱骨折者一定要用木板，防止脊髓损伤加重。否则一旦骨折块移位压迫脊髓、损伤马尾神经会导致瘫痪。

7.5.7 颈椎骨折

一是将围领套在脖子上，防止颈椎活动。二是现用报纸、毛巾、衣物等卷制成颈套，从颈后向前围在颈部。颈套粗细要能限制双侧下颌活动。

7.5.8 胸腰椎骨折

有条件可用一长、宽与伤者身高、肩宽相仿的木板固定。固定时先将伤者侧卧，动作要轻柔，并自始至终保持伤者身体长轴一致。头颈部、足踝部及腰后空虚部位要垫实。另外，运往医院前要把伤者双肩、骨盆、双腿及双脚用宽带固定，以免颠簸、晃动。

7.6 溺水

溺水是指大量水液被吸入肺内，引起人体缺氧窒息的危急病症。多发生在夏季，游泳场所、海边、江河、湖泊、池塘等处。溺水者面色青紫肿胀，眼球结膜充血，口鼻内充满泡沫、泥沙等杂物。部分溺水者可因大量喝水入胃、出现上腹部膨胀。多数溺水者四肢发凉，意识丧失，重者心跳、呼吸停止。

7.6.1 溺水的原因

1）不熟悉水性意外落水

主要是气管内吸入大量水分阻碍呼吸，或因喉头强烈痉挛，引起呼吸道关闭，窒息死亡。人落水后，水、泥沙、水中生物等会阻塞呼吸道，或因呼吸道痉挛而引起缺氧、窒息、死亡。落水被淹后一般4~6min即可致死。溺水多见于儿童、青少年和老人，以误落水中为多，偶有投水自杀者，意外事故如遇有洪水、船只翻沉等也是重要原因。

2）熟悉水性而遇到意外的情况

（1）手足抽筋是最常见的。主要是由于下水前准备活动不充分、水温偏冷或长时间游泳过于疲劳原因。小腿抽筋时会感到小腿肚子突然发生痉挛性疼痛。

（2）有时因潜入到浅水而造成头部损伤而发生溺水。

（3）有时候（特别是一些老年人）会因为心脏病发作或中风引起意识丧失，而发生溺水。

7.6.2 溺水后的表现症状

溺水者面部青紫、肿胀、双眼充血，口腔、鼻孔和气管充满血性泡沫。肢体冰冷，脉细弱，甚至抽搐或呼吸心跳停止。轻者，落水时间短，口唇四肢末端易青紫，面肿，四肢发硬，呼吸浅表。吸入水量2mL/kg时出现轻度缺氧现象。重者。如吸水量在10mL/kg以上者，1min内即出现低血氧症。落水时间长，面色青紫，口鼻腔充满血性泡沫或泥沙，四肢冰冷，昏睡不醒，瞳孔散大，呼吸停止。

7.6.3 溺水的紧急救护

7.6.3.1 自救

（1）首先应保持镇静，千万不要手脚乱蹬拼命挣扎，可减少水草缠绕，节省体力。只要不胡乱挣扎，不要将手臂上举乱扑动，人体在水中就不会失去平衡，这样身体就不会下沉得很快。

（2）除呼救外，落水后立即屏住呼吸，踢掉双鞋，然后放松肢体，当你感觉开始上浮时，尽可能地保持仰位，使头部后仰，使鼻部可露出水面呼吸，呼吸时尽量用嘴吸气、用鼻呼气，以防呛水。呼气要浅，吸气要深。因为深吸气时，人体比重降到0.967，比水略轻，因为肺脏就象一个大气囊，屏气后人的比重比水轻，可浮出水面（呼气时人体比重为1.057，比水略重）。

（3）千万不要试图将整个头部伸出水面，这将是一个致命的错误，因为对于不会游泳的人来说将头伸出水面是不可能的，这种必然失败的作法将使落水者更加紧张和被动，从而使整个自救者功亏一篑。

（4）当救助者出现时，落水者只要理智还存在，绝不可惊惶失措去抓抱救助者的手、腿、腰等部位，一定要听从救助者的指挥，让他带着你游上岸。否则不仅自己不能获救，反而连累救助者的性命。

（5）会游泳者，如果发生小腿抽筋，要保持镇静，采取仰泳位，用手将抽筋的腿的脚趾向背侧弯曲，可使痉挛松解，然后慢慢游向岸边。

①对于手脚抽筋者，若是手指抽筋，则可将手握拳，然后用力张开，迅速反复多做几次，直到抽筋消除为止；

②若是小腿或脚趾抽筋，先吸一口气仰浮水上，用抽筋肢体对侧的手握住抽筋肢体的脚趾，并用力向身体方向拉，同时用同侧的手掌压在抽筋肢体的膝盖上，帮助抽筋腿伸直；

③要是大腿抽筋的话，可同样采用拉长抽筋肌肉的办法解决。

7.6.3.2 应急处置

溺水者的岸上复苏救护（现场急救）：对现场抢救来说，原则是一样的，都要尽快地恢复呼吸与心跳。

（1）在急救的第一步就是通知"120"，而伤者都必须以颈椎受伤者处理，以避免急救完伤者已成植物人，在国外文献报告中，有人反因不当急救造成脊椎受损。

（2）排除异物的救护：救上来只是工作的一半，使溺水者复苏是另一半，而且对挽救生命来说是同等重要的。首先清理溺水者口鼻内污泥、痰涕，有假牙取下假牙，救护人员单腿屈膝，将溺水者俯卧于救护者的大腿上，借体位使溺水者体内水由气管口腔中排出（有些农村将溺水者俯卧横入在牛背上，头脚下悬，赶牛行走，这样又控水、又起到人工呼吸作用），将溺水者头部转向侧面，以便让水从其口鼻中流出，保持上呼吸道的通畅。再将头转回正面。（急救者从后、抱起溺者的腰部，使其背向上，头向下，也能使水倒出来）。

(3) 出水后的救护：做心肺复苏术（CPR），但是如果不知道心肺复苏术时立即寻求援助。当你在等待时可试做口对口复苏术，这能拯救生命。如果溺水者呼吸心跳已停止，立即进行口对口人工呼吸，同时进行胸外心脏按摩。

图 7-1 伏膝倒水法

接着下面的步骤教你怎么做口对口复苏术：

①确定一下这位失去知觉的人到底是否在呼吸，看看他或她的胸部，看是否可以见到呼吸的样子。

②使溺水者仰卧。

③为了采取通用安全措施，尽可能戴上乳胶手套，弄开他的嘴，用你的手指除掉咽部或气道里的任何阻塞物。

④为了避免艾滋病毒或其他致命病毒通过唾液传播，把你的一次性导气管袋放在你的口和他的口上。

⑤把一只手放在溺水者的下颌，另一只手放在他的前额。翘起他的头直至你能使他的气道通畅，溺水者的口应该是张开的。

⑥捏鼻孔使鼻孔关闭。

⑦你做深呼吸。

⑧用你的嘴完全把他的嘴罩住。

⑨用力吹气进入溺水者的嘴里，连续做 4 次。

⑩如果你是给一个成年人做，此时停 5s 然后再重复做第 6 到第 9 步，如果你给一个儿童，或婴儿做，此时停止 3s，然后再重复第 6 到第 9 步。

⑪重复这一过程

(4) 当溺水者开始呼吸和气哽时，你还没有脱离困境。实际上，溺水后的 48h 是最危险的。因溺水而发生的并发症肺炎、心衰等，都能在这一时期发生，因此你应尽早将溺水者送往医院。

7.7 食物中毒

食物中毒，指食用了被有毒有害物质污染的食品或者食用了含有毒有害物质的食品后出现的急性、亚急性疾病。

7.7.1 食物中毒的特点

食物中毒的特点是潜伏期短、突然地和集体地暴发，多数表现为肠胃炎的症状，并和食用某种食物有明显关系。由细菌引起的食物中毒占绝大多数。由细菌引起的食物中毒的食品主要是动物性食品（如肉类、鱼类、奶类和蛋类等）和植物性食品（如剩饭、豆制品等）。食用有毒动植物也可引起中毒。如食入未经妥善加工的河豚鱼可使末梢神经和中枢神经发生麻痹，最后因呼吸中枢和血管运动麻痹而死亡。一些含一定量硝酸盐的蔬菜，贮存过久或煮熟后放置时间太长，细菌大量繁殖会使硝酸盐变成亚硝酸盐，而亚硝酸盐进入人体后，可使血液中低铁血红蛋白氧化成高铁血红蛋白，失去输氧能力，造成组织缺氧。严重时，可因呼吸衰竭而死亡。发霉的大豆、花生、玉米中含有黄曲霉的代谢产物黄曲霉素，其毒性很大，它会损害肝脏，诱发肝癌，因此不能食用。食入一些化学物质如铅、汞、镉、氰化物及农药等化学毒品污染的食品可引起中毒。在食品中滥加营养素，对人体也有害，如在粮谷类缺少赖氨酸的食品，加入适当的赖氨酸，能够改善营养价值，对人有利。但若添加过量，或在牛奶、豆浆等并不需添加赖氨酸的食品中添加，就可能扰乱氨基酸在人体内的代谢，甚至引起对肝脏的损害。预防食物中毒的主要办法是注意食品卫生，低温存放食物，食前严格消毒彻底加热，不食有毒的、变质的动植物和经化学物品污染过的食品。一经发现食物中毒的病人应及时送去医院诊治。

（1）由于没有个人与个人之间的传染过程，所以导致发病呈暴发性，潜伏期短，来势急剧，短时间内可能有多数人发病，发病曲线呈突然上升的趋势。

（2）中毒病人一般具有相似的临床症状。常常出现恶心、呕吐、腹痛、腹泻等消化道症状。

（3）发病与食物有关。患者在近期内都食用过同样的食物，发病范围局限在食用该类有毒食物的人群，停止食用该食物后发病很快停止，发病曲线在突然上升之后呈突然下降趋势。

（4）食物中毒病人对健康人不具有传染性。

7.7.2 食物中毒的分类

按病原物质分类可分为：

1）性食物中毒

是指人们摄入含有细菌或细菌毒素的食品而引起的食物中毒。引起食物中毒的原因有很多，其中最主要、最常见的原因就是食物被细菌污染。据我国近五年食物中毒统计资料表明，细菌性食物中毒占食物中毒总数的 50% 左右，而动物性食品是引起细菌性食物中毒的主要食品，其中肉类及熟肉制品居首位，其次有变质禽肉、病死畜肉以及鱼、奶、剩饭等。

食物被细菌污染主要有以下几个原因：

（1）禽畜在宰杀前就是病禽、病畜。

（2）刀具、砧板及用具不洁，生熟交叉感染。

（3）卫生状况差，蚊蝇滋生。

（4）食品从业人员带菌污染食物。

并不是人吃了细菌污染的食物就马上会发生食物中毒，细菌污染了食物并在食物上大量繁殖达到可致病的数量或繁殖产生致病的毒素，人吃了这种食物才会发生食物中毒。因此，发生食物中毒的另一主要原因就是贮存方式不当或在较高温度下存放较长时间。食品中的水分及营养条件使致病菌大量繁殖，如果食前彻底加热，杀死病原菌的话，也不会发生食物中毒。那么，最后一个重要原因为食前未充分加热，未充分煮熟。

细菌性食物中毒的发生与不同区域人群的饮食习惯有密切关系。美国多食肉、蛋和糕点，葡萄球菌食物中毒最多；日本喜食生鱼片，副溶血性弧菌食物中毒最多；我国食用畜禽肉、禽蛋类较多，多年来一直以沙门氏菌食物中毒居首位。引起细菌性食物中毒的始作俑者有沙门菌、葡萄球菌、大肠杆菌、肉毒杆菌、肝炎病毒等。这些细菌、病毒可直接生长在食物当中，也可经过食品操作人员的手或容器，污染其他食物。当人们食用这些被污染过的食物，有害菌所产生的毒素就可引起中毒。每至夏天，各种微生物生长繁殖旺盛，食品中的细菌数量较多，加速了其腐败变质；加之人们贪凉，常食用未经充分加热的食物，所以夏季是细菌性食物中毒的高发季节。

2) 真菌毒素中毒

真菌在谷物或其他食品中生长繁殖产生有毒的代谢产物，人和动物食用这种毒性物质发生的中毒，称为真菌性食物中毒。中毒发生主要通过被真菌污染的食品，用一般的烹调方法加热处理不能破坏食品中的真菌毒素。真菌生长繁殖及产生毒素需要一定的温度和湿度，因此中毒往往有比较明显的季节性和地区性。

3) 动物性食物中毒

图 7-2 河豚美味而有毒

食入动物性中毒食品引起的食物中毒即为动物性食物中毒。动物性中毒食品主要有两种：①将天然含有有毒成分的动物或动物的某一部分当做食品，误食引起中毒反应；在一定条件下产生了大量的有毒成分的可食的动物性食品，如食用鲐鱼等也可引起中毒。近年，我国发生的动物性食物中毒主要是河豚鱼中毒（图7-2），其次是鱼胆中毒。

4) 植物性食物中毒

主要有3种：①将天然含有有毒成分的植物或其加工制品当作食品，如桐油、大麻油等引起的食物中毒；②在食品的加工过程中，将未能破坏或除去有毒成分的植物当作食品食用，如木薯、苦杏仁等；③在一定条件下，不当食用大量有毒成分的植物性食品，食用鲜黄花菜、发芽马铃薯、未腌制好的咸菜或未烧熟的扁豆等造成中毒。一般因误食有毒植物或有毒的植物种子，或烹调加工方法不当，没有把植物中的有毒物质去掉而引起。最常见的植物性食物中毒为菜豆中毒、毒蘑菇中毒、木薯中毒；可引起死亡的有毒蘑菇、马铃薯、曼陀罗、银杏、苦杏仁、桐油等（图 7-3、图 7-4）。植物性中毒多数没有特效疗法，对一些能引起死亡的严重中毒，尽早排除毒物对中毒者的预后非常重要。

图 7-3 发芽土豆是常见食物中毒因素

图 7-4 有毒蕈类

5）化学性食物中毒

主要包括：①误食被有毒害的化学物质污染的食品；②因添加非食品级的或伪造的或禁止使用的食品添加剂、营养强化剂的食品，以及超量使用食品添加剂而导致的食物中毒；③因储藏等原因，造成营养素发生化学变化的食品，如油脂酸败造成中毒。食入化学性中毒食品引起的食物中毒即为化学性食物中毒。化学性食物中毒发病特点是：发病与进食时间、食用量有关。一般进食后不久发病，常有群体性，病人有相同的临床表现。剩余食品、呕吐物、血和尿等样品中可测出有关化学毒物。在处理化学性食物中毒时应突出一个"快"字。及时处理不但对挽救病人生命十分重要，同时对控制事态发展，特别是群体中毒和一时尚未明化学毒物时更为重要。

7.7.3 食物中毒的诊断

食物中毒的诊断依据归纳起来有以下几个方面：

（1）与进食的关系：中毒病人在相近的时间内均食用过某种共同的中毒食品，未食用者不发病，发病者均是食用者，停止食用该种中毒食品后，发病很快停止。

（2）食物中毒特征性的临床表现：发病急剧，潜伏期短，病程亦较短，同一起食物中毒的病人在很短的时间内同时发病，很快形成发病高峰、相同的潜伏期，并且临床表现基本相似（或相同），一般无人与人之间直接传染，其发病曲线没有尾峰。

（3）食物中毒的确定应尽可能有实验室资料：从不同病人和中毒食品中检出相同的病原，但由于报告的延误可造成采样不及时或采不到剩余中毒食品或者病人已用过药，或其他原因未能得到检验资料的阳性结果，通过流行病学的分析，可判定为原因不明的食物中毒。

7.7.4 食物中毒的应急处置

食物中毒一般具有潜伏期短、时间集中、突然爆发、来势凶猛的特点。据统计，食物中毒绝大多数发生在七、八、九3个月份。临床上表现为以上吐、下泻、腹痛为主的急性胃肠炎症状，严重者可因脱水、休克、循环衰竭而危及生命。因此一旦发生食物中毒，千万不能惊慌失措，应冷静的分析发病的原因，针对引起中毒的食物以及服用的时间长短，及时采取如下应急处置措施：

（1）如果服用时间在1~2h内，可使用催吐的方法。立即取食盐20g加开水200mL溶化，冷却后一次喝下，如果不吐，可多喝几次，迅速促进呕吐。亦可用鲜生姜100g捣碎取汁用200mL温水冲服。如果吃下去的是变质的荤食品，则可服用十滴水来促使迅速呕吐。有的患者还可用筷子、手指或鹅毛等刺激咽喉，引发呕吐。

（2）如果病人服用食物时间较长，一般已超过2~3h，而且精神较好，则可服用些泻药，促使中毒食物尽快排出体外。一般用大黄30g一次煎服，老年患者可选用元明粉20g，用开水冲服，即可缓泻。对老年体质较好者，也可采用番泻叶15g一次煎服，或用开水冲服，也能达到导泻的目的。

（3）如果是吃了变质的鱼、虾、蟹等引起的食物中毒，可取食醋100mL加水200mL，稀释后一次服下。此外，还可采用紫苏30g、生甘草10g一次煎服。若是误食了变质的饮料或防腐剂，最好的急救方法是用鲜牛奶或其他含蛋白的饮料灌服。

如果经上述急救，症状未见好转，或中毒较重者，应尽快送医院治疗。在治疗过程中，要给病人以良好的护理，尽量使其安静，避免精神紧张，注意休息，防止受凉，同时补充足量的淡盐开水。

控制食物中毒关键在预防，搞好饮食卫生，严把"病从口入"关。

7.8 咬伤

俗话说：一朝被蛇咬，十年怕井绳。看来，被蛇咬是非常可怕的经历，尤其是被毒蛇咬伤。普光地区群山环绕，外出作业、登山的机会比较多，这里也是蛇经常出没的地区，所以学会毒蛇药伤后如何急救是非常必要的。

7.8.1 发病机理

1）毒蛇的分类

毒蛇大致可分成 3 大类

（1）以神经毒为主的毒蛇：有金环蛇，银环蛇及海蛇等，毒液主要作用于神经系统，引起肌肉麻痹和呼吸麻痹。

（2）以血液毒为主的毒蛇：有竹叶青、蝰蛇和龟壳花蛇等，毒液主要影响血液及循环系统，引起溶血、出血、凝血及心脏衰竭。

（3）兼有神经毒和血液毒的毒蛇：有蝮蛇，大眼镜蛇和眼镜蛇等，其毒液具有神经毒和血液毒的两种特性。

2）蛇毒的有效成分

（1）神经毒：主要作用于神经系统。

（2）心脏毒：主要作用于心脏引起心衰。

（3）溶细胞毒：可使血细胞破坏，血管内皮细胞发生坏死。

（4）凝血素：可引起血栓形成。

（5）各种酶：可引起溶血和组织破坏。

3）蛇毒的毒性强度

各种毒蛇毒液的毒性强度是不同的，有的毒蛇伤人后死亡率高；有的仅引起症状。

7.8.2 临床表现

被毒蛇咬伤后，病人出现症状的快慢及轻重与毒蛇种类、蛇毒的剂量与性质有明显的关系。当然咬伤的部位、伤口的深浅及病人的抵抗力也有一定的影响。毒蛇在饥饿状态下主动伤人时，排毒量大，后果严重。

1）神经毒致伤的表现

伤口局部出现麻木，知觉丧失，或仅有轻微痒感。伤口红肿不明显，出血不多，约在伤后半小时后，感觉头昏、嗜睡、恶心、呕吐及乏力。重者出现吞咽困难、声嘶、失语、眼睑下垂及复视。最后可出现呼吸困难、血压下降及休克，致使机体缺氧、发绀、全身瘫痪。如抢救不及时则最后出现呼吸及循环衰竭，病人可迅速死亡。神经毒吸收快，危险性大，又因局部症状轻，常被人忽略。伤后的第 1~2d 为危险期，一旦渡过此期，症状就能很快好转，而且治愈后不留任何后遗症。

2）血液毒致伤的表现

咬伤的局部迅速肿胀，并不断向近侧发展，伤口剧痛，流血不止。伤口周围的皮肤常伴有水泡或血泡，皮下瘀斑，组织坏死。严重时全身广泛性出血，如结膜下瘀血、鼻衄、呕血、咳血及尿血等。个别病人还会出现胸腔、腹腔出血及颅内出血，最后导致出血性休克。病人可伴头晕、恶心、呕吐及腹泻，关节疼痛及高热。由于症状出现较早，一般救治较为及时，故死亡率可低于神经毒致伤的病人。但由于发病急，病程较持久，所以危险期也较长，治疗过晚则后果严重。治愈后常留有局部及内脏的后遗症。

3）混合毒致伤的表现

兼有神经毒及血液毒的症状。从局部伤口看类似血液毒致伤，如局部红肿、瘀斑、血泡、组织坏死及淋巴结炎等。从全身来看，又类似神经毒致伤。此类伤员死亡原因仍以神经毒为主。

7.8.3 诊断

在野外施工、旅游时，一旦被蛇咬伤，如何迅速判断是否是毒蛇咬伤呢？

1）是否为蛇咬伤

首先必须明确除外蛇咬伤的可能性，其他动物也能使人致伤，如蜈蚣咬伤、黄蜂蜇伤，但后者致伤的局部均无典型的蛇伤牙痕，且留有各自的特点：如蜈蚣咬伤后局部有横行排列的两个点状牙痕，黄蜂或蝎子蜇伤后局部为单个散在的伤痕。一般情况下，蜈蚣等致伤后，伤口较小，且无明显的全身症状。

2）是否为毒蛇咬伤

主要靠特殊的牙痕、局部伤情及全身表现来区别。毒蛇咬伤后，伤口局部常留有一对或3～4毒牙痕迹（图7－5），且伤口周围明显肿胀及疼痛或麻木感，局部有瘀斑、水泡或血泡，全身症状也较明显。无毒蛇咬伤伤后，局部可留两排锯齿形牙痕。

3）是哪一种毒蛇咬伤

准确判断何种毒蛇致伤比较困难，从局部伤口的特点，可初步将神经毒的蛇伤和血液毒

图7－5　毒蛇咬伤

的蛇伤区别开来。再根据特有的临床表现和参考牙距及牙痕形态，可进一步判断毒蛇的种类。如眼镜蛇咬伤病人瞳孔常常缩小，蝰蛇咬伤后半小时内可出现血尿，蝮蛇咬伤后可出现复视。

毒蛇头部略成三角形，身上有色彩鲜明的花纹，上颌长有成对的毒牙，可与无毒蛇相区别。毒牙呈沟状或管状与毒腺相通，当包在腺体外的肌肉收缩时，将蛇毒经导管排于毒牙，注入被咬伤的人和动物体内。

7.8.4　应急处置

毒蛇咬伤后现场急救很重要，应采取各种措施，迅速排出毒并防止毒液的吸收与扩散。到达有条件的医疗站后，应继续采取综合措施，如彻底清创，内服及外敷有效的蛇药片，抗蛇毒血清的应用及全身的支持疗法。

1）阻止毒液吸收

被咬伤后，蛇毒在3～5min内就迅速进入体内，应尽早的采取有效措施，防

止毒液的吸收。

（1）绑扎法：是一种简便而有效的方法，也是现场容易办到的一种自救和互救的方法。即在被毒蛇咬伤后，立即用布条类、手巾或绷带等物，在伤肢近侧5~10cm处或在伤指（趾）根部予以绑扎，以减少静脉及淋巴液的回流，从而达到暂时阻止蛇毒吸收的目的。在后送途中应每隔20min松绑一次，每次1~2min，以防止患肢瘀血及组织坏死。待伤口得到彻底清创处理和服用蛇药片3~4h后，才能解除绑带。

（2）冰敷法：有条件时，在绑扎的同时用冰块敷于伤肢，使血管及淋巴管收缩，减慢蛇毒的吸收。也可将伤肢或伤指浸入到冷水中，3~4h后再改用冰袋冷敷，持续24~36h即可，但局部降温的同时要注意全身的保暖。

（3）伤肢制动：受伤后走动要缓慢，不能奔跑，以减少毒素的吸收，最好是将伤肢临时制动后放于低位，送往医疗站。必要时可给适量的镇静，使病人保持安静。

2）促进蛇毒的排出及破坏

存留在伤口局部的蛇毒，应采取相应措施，促使其排出或破坏。最简单的方法是用嘴吸吮，每吸一次后要作清水漱口，当然吸吮者口腔粘膜及唇部应无溃破之处。也可用吸乳器械、拔火罐等方法，吸出伤口内之蛇毒，效果也较满意。

伤口较深并有污染者，应彻底清创。消毒后应以牙痕为中心，将伤口作"+"或"++"形切开，使残存的蛇毒便于流出，但切口不宜过深，以免伤及血管。咬伤的俉位在手或足部时，也可用三棱针或刀尖在八邪穴或八风穴，向近侧皮下刺入1cm后，由近向远轻轻按摩，加速蛇毒的排出。伤口扩大后，还可用各种药物作局部的湿敷或冲洗，以达到破坏或中和蛇毒的目的。常用的外敷药有30%盐水或明矾水，用于伤口冲洗的外用药有1:5000的高锰酸钾溶液及5%~10%的盐水。

胰蛋白酶局部注射有一定作用，它能分解和破坏蛇毒，从而减轻或抑制病人的中毒症状，用法是用生理盐水2~4mL溶解胰蛋白酶后，在伤口基底层及周围进行注射，12~24h后可重复注射。注射速尿、利尿酸钠或甘露醇等，可加速蛇毒从泌尿系的排出。

3）抑制蛇毒作用

主要是内服和外敷有效的中草药和蛇药片,达到解毒、消炎、止血、强心和利尿作用,抗蛇毒血清已广泛用于临床,对毒蛇咬伤效果较好。

(1) 各种蛇药片:目前用于临床的蛇药片已有十余种,使用时首先要弄清所用的药片对哪种毒蛇有效,其次是用药要早,剂量要大,疗程要长。最后,必须有针对性地采用其他中西医的辅助治疗。临床上用得最广的是南通蛇药片(又称季德胜蛇药片),伤后应立即服20片,以后每隔6h服10片,持续到中毒症状明显减轻为止。同时将药片加温开水调成糊状,涂在伤口的周围及肢体胀肿的上端3~4cm处,广州蛇药片(何晓生蛇药片)疗效也较好,伤后立即服5片,以后每3h服5片,重症者药量加倍。另外,上海蛇药片主治蝮蛇咬伤、蛇三满蛇药片主治金环蛇和银环蛇咬伤。

(2) 中草药单方:可用新鲜半边莲(全草)30~60g,捣烂后取其汁内服,有解毒和利尿排毒作用。也可用新鲜乌桕嫩芽30g,捣烂取汁内服,药渣外敷,可预防蛇毒攻心。

(3) 血清治疗:抗蛇毒血清对毒蛇咬伤有一定的疗效,单价血清疗效可高达90%,但多价血清疗效仅为50%。目前已试用成功的血清有抗蝮蛇毒血清、抗眼镜蛇毒血清、抗五步蛇毒血清和抗银环蛇毒血清等,有的已精制成粉剂,便于保存。使用抗蛇毒血清之前应先作皮肤过敏试验,阴性者可注射。

4）全身支持疗法

毒蛇咬伤后的数日内病情较重,中毒症状较明显,常伴有不同程度的水电解质紊乱和休克,严重者会出现呼吸衰竭,心力衰竭,急性肾功能衰竭,溶血性贫血。因而积极的全身治疗及纠正主要脏器的功能是重要的。血压低时应及时给输血和补液,抗休克治疗,呼吸微弱时给以呼吸兴奋剂和吸氧,必要时进行辅助性呼吸。肾上腺皮质激素及抗组织胺类药物的应用,对中和毒素和减轻毒性症状有一定的作用。全身抗感染药物,对防治局部组织的坏死是重要的,常规注射TAT以预防破伤风的发生。

7.8.3 预防

蛇咬伤严重的威胁着广大劳动者的身体健康,应在危害最大的地区,采取积极的预防措施，尽量减少蛇咬伤的发病率，降低死亡率。在野外从事劳动生产的人员，进入草丛前，应先用棍棒驱赶毒蛇，在深山丛林中作业与执勤时，要随时注意观察周围情况，及时排除隐患，应穿好长袖上衣，长裤及鞋袜，戴好安全帽。遇到毒蛇时不要惊慌失措，应采用左、右拐弯的走动来躲避追赶的毒蛇，或是站在原处，面向毒蛇，注意来势左右避开，寻找机会拾起树枝自卫。四肢涂擦防蛇药液及口眼蛇伤解毒片，均能起到预防蛇伤的作用。

7.9 击伤

电击伤是指电流通过人体所造成的组织结构破坏或功能障碍。严重者可发生呼吸、心搏骤停。电击伤的原因主要系缺乏安全用电知识及安装维修电器不规范操作，意外事故亦时有发生。

7.9.1 病因与发病机制

电击伤的轻重主要与电压高低、电流强弱、直流或交流、电流频率、电流通路和接触时间及人体电阻等因素有关。220V可引起心室颤动，1000V可使呼吸中枢麻痹；50~60mA的电流能致心室颤动；交流电比直流电危险更大，可产生强直性肌肉收缩，使机体被电源牵住；低频交流电的危害比高频的大，50~60Hz时亦可诱发心室颤动；电流途径为头—脚、手—手或手—脚时，因电流通过心脏，比电流通过脚—脚时危险得多；触电时间越长，机体的损伤越严重；人体组织的电阻越小，通过的电流越大，故电流一般沿电阻小的组织前行，该处损伤也就越重，皮肤湿润或破损时电阻降低，更易发生电击伤。高压电或高能量电可使局部组织温度剧升，引起组织灼伤甚至"炭化"。可致组织的血管损伤，导致出血、血栓形成、组织缺血、水肿甚至坏死等。闪电雷击损伤亦属此范畴内。

7.9.2 诊断要点

（1）有接触电流及被雷击史。

（2）全身表现。电击后轻者出现惊慌、呆滞、面色苍白、接触部位肌肉收缩，且有头晕、四肢无力和心动过速。重者表现昏迷、抽搐，甚至心室颤动、心搏和呼吸停止。有的病人抽搐、休克之后，呈现一种心跳、呼吸极微弱的"假死状态"，亦有在电击数分或一周后才出现迟发性"假死"者，此时应仔细识别，不应轻易放弃抢救。

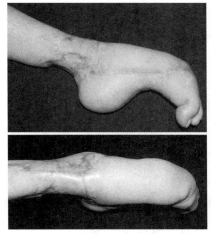
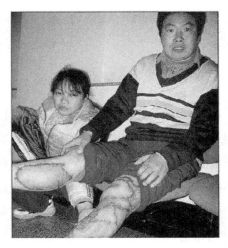

（3）局部电灼伤。电流在皮肤入口处或出口处有接触性灼伤，入口处程度更为严重，呈现出界线清楚的圆形或卵圆形灰黄色区域；中心部位低陷。另一个特点是皮肤的创面很小，而皮下深部组织损伤却很广泛。肢体软组织电灼烧后，其远端组织常出现缺血和坏死。高压电击伤时，灼伤处立即焦化或炭化。

（4）实验室检查。心电图检查注意有无心律失常、心肌损伤及缺血变化。动脉血气分析、血清电解质及酶学检查有无电解质、酸碱紊乱及脏器功能损害。尿样检查有无血红蛋白尿及肌红蛋白尿等。必要时做胸部及骨骼 X 线检查。

7.9.3 并发症

（1）急性肾功能衰竭。坏死肌肉释出肌红蛋白引起肾小管坏死，血容量减少更加重这一损害。肉眼可见肌红蛋白尿呈红棕色。肾衰时表现少尿或无尿，还可并发危及生命的高钾血症。

（2）骨折和关节脱位。长骨骨折常发生于电击后跌倒时，电击后肌肉强烈收缩和抽搐可发生椎体骨折或四肢关节脱位。

（3）神经系统损伤及后遗症。100mA以上的电流通过脑部可造成意识丧失、抽搐、脑水肿，甚至可造成中枢及周围神经系统部分性、暂时性或永久性损伤。可发生失明、耳聋、周围神经病变的运动障碍及感觉异常、上升性或横断性脊髓病变和侧索硬化症。亦可发生肢体单瘫或偏瘫。

（4）其他晚期并发症。包括白内障、空腔脏器穿孔、肝脏损害及各种烧伤后遗症。

7.9.4 应急处置办法

（1）尽快使患者脱离电源。按当时具体环境和条件，采用最快、最安全的办法如关闭电源、挑开电线及斩断电路等。切断电路时救护者应用干燥木棒或竹竿等绝缘工具，未断离电源前不能用手直接拖拉患者。如患者在高处触电，下方必须有防护措施，以防患者坠下骨折或死亡。

（2）心肺脑复苏。发现病人心跳、呼吸停止时应立即施行心肺脑复苏措施。及时行口对口呼吸、胸外按压及电除颤等。肾上腺素仍为首选药物。但对电击后心搏尚存或有心律失常者，肾上腺素应禁忌使用。

（3）心电监测和及时处理各类心律失常。

（4）全面查体及时发现和处理内出血和骨折。

（5）电烧伤局部处理。对皮肤及深部软组织损伤进行清创治疗，及进清除坏死组织，监测肢体损伤及远端缺血情况，必要时进行筋膜松解术，以减轻周围组织压力和改善远端血运。

（6）补液疗法。用平衡盐液补充血容量，维持尿量在30～50mL/h。如发现有肌红蛋白尿，应静脉输入5％碳酸氢钠以碱化尿液，以增加肌红蛋白的溶解度，并同时输注20％甘露醇，以促进利尿。

7.10 温中暑

夏天，天气非常炎热，而且普光地区湿度相当高、气候潮湿，中暑就常常发生在气温高、湿度大的环境中，从事户外或室内活动，发生体温调节障碍，水、电解质平衡失调，心血管和中枢神经系统功能紊乱为主要表现的一种症候群。病情与个体健康状况和适应能力有关。

7.10.1　病因与发病机理

在下丘脑体温调节中枢的控制下，正常人的体温处于动态平衡，维持在 37℃ 左右。人体基础代谢、各种活动、体力劳动及运动，均靠糖及脂肪分解代谢供能发热，热量借助皮肤血管扩张、血流加速、排汗、呼吸、排泄等功能，通过辐射、传导、对流、蒸发方式散发。人在气温高、湿度大的环境中，尤其是体弱或重体力劳动时，若散热障碍、导致热蓄积，则容易发生中暑。

7.10.2　临床表现

（1）中暑先兆：在高温环境下活动一段时间后，出现乏力、大量出汗、口渴、头痛、头晕、眼花、耳鸣、恶心、胸闷、体温正常或略高；

（2）轻度中暑：除以上症状外，有面色潮红、皮肤灼热、体温升高至 38℃ 以上，也可伴有恶心、呕吐、面色苍白、脉率增快、血压下降、皮肤湿冷等早期周围循环衰竭表现；

（3）重症中暑：除轻度中暑表现外，还有热痉挛、腹痛、高热昏厥、昏迷、虚脱或休克表现。

7.10.3　诊断

（1）依发病时所处高温环境及其临床表现；

（2）应与暑天感染、发热性疾病鉴别，如流行性乙型脑炎、脑膜炎、脑型疟疾等；

（3）与其他原因此起的昏迷及脑血管意外鉴别；

（4）中暑痉挛引起腹痛者需与急腹症鉴别。

7.10.4　治疗与护理

（1）中暑先兆与轻度中暑：及时脱离高温环境至阴凉、通风处静卧，观察

中暑急救

图7-6

体温、脉搏呼吸、血压变化。服用防暑降温剂：仁丹、十滴水或藿香正气散等。并补充含盐清凉饮料：淡盐水、冷西瓜水、绿豆汤等，经以上处理即可恢复。

（2）重症中暑病人处理原则：降低体温，纠正水、电解质紊乱、酸中毒，积极防治休克及肺水肿。

①中暑发生循环衰竭者，医疗、护理的重点是纠正失水、失钠、血容量不足，以致脱水和循环衰竭。尽快建立静脉通路，补充等渗葡萄糖盐水或生理盐水，纠正休克。注意输液速度不可过快，以防增加心脏负荷发生肺水肿，密切观察病情变化。

②中暑出现痉挛者，除补充足量的液体外，注意监测血电解质。纠正低钠、低氯、控制痉挛，抽搐频繁者应静脉推注10%葡萄糖酸钙10mL或用适量的镇静剂如10%水合氯醛10~15mL灌肠，或苯巴比妥纳0.1~0.2g肌肉注射。并注意安全保护、防止坠床，及时吸氧，保持呼吸道通畅。

③对日射病者应严密观察意识、瞳孔等变化，头戴冰帽，以冷水洗面及颈部，以降低体表温度，有意识障碍呈昏迷者，要注意防止因呕吐物误吸而引起窒息，将病人的头偏向一侧，保持其呼吸道通畅。

④中暑高热者主要是纠正体温功能失调所致高热，同时注意生命体征、神志变化及各脏器功能状况、防治并发症。降温措施多主张物理降温与药物降温联合进行，其方法有头置冰袋或冰帽，大血管区置冰袋，以冰或风扇控制室温在22~25℃左右；也可采用将身体（头部除外）置于4℃水中降温法，同时要不断摩擦四肢，防止血液循环停滞，促使热量散发；危重者可采用酒精擦浴或冰水擦浴，静脉输入液体可降温至4℃左右后输入；降温时注意防止因降温过快引起虚脱。药物可采用氯丙嗪25~50mg，加入500mL葡萄糖盐水中静脉滴注，1~2h滴完，必要时加用异丙嗪25~50mg，以增加药效，滴注可密切观察体温、脉搏、呼吸、血压，若血压有下降趋势，应酌情减慢滴速或停止给药。采用解热剂降温

可酌情选用阿斯匹林口服，柴胡肌肉注射，消炎痛栓剂肛内应用。也可采用水合氯醛加冰盐水低压灌肠降温。有时配合静脉滴注氢化可地松或地塞米松辅助治疗。一般当体温降至38℃左右应逐渐停止用药，擦干全身，加强防护。降温治疗中还应注意纠正水、电解质及酸碱平衡失调，尤其是年老、体弱及有心血管疾患的病人，除观察体温外，还须注意有无心衰、肾衰、肺水肿、脑水肿、呼衰、弥漫性血管内凝血等并发症的迹象，要及时报告医师给以相应处理。按常规做好口腔、皮肤等基础护理，详细记录各观察项目，以及液体出入量和治疗效果。

7.10.5 预防

（1）改善高温作业条件，加强隔热、通风、遮阳等降温措施，供给含盐清凉饮料；

（2）加强体育锻炼，增强个人体质；

（3）宣传防暑保健知识，教育工人遵守高温作业的安全规则和保健制度，合理安排劳动和休息。

7.11 灾害事故现场医疗救护的各类预案程序

医护人员接到应急救护任务后，应做出快速反应，积极投入到灾害事故现场，在保证自身安全情况下，展开现场抢救工作。

（1）现场医务人员应做到：

①做到现场不慌乱，积极有序展开抢救工作并注意自身安全。

②迅速将伤员转送出危险区，本着"先救命后治伤，先救重后救轻"的原则开展工作。

③对突发事件现场抢救出的窒息、休克、出血、外伤等危重伤员，立即进行现场急救。

④对呼吸道、消化道吸入有毒气体者，应保持呼吸道通畅，及时准确的采用对症、支持等综合疗法。移至空气新鲜处，进行供氧及对呼吸暂停者实施人工呼吸。

⑤对呼吸、心跳停止者应立即进行人工呼吸和心脏胸压按压，采用心肺复苏措施并给予氧气。

⑥对轻、重、危重伤员和死亡人员用蓝、黄、红、黑四种颜色标志（分类标记用塑料牌挂于不同情况伤员的腕部，以便后续救治辨认或采取相应的措施）。

⑦对伤员处理后，需到医院观察的应及时转送到医院治疗。

（2）伤员的转运：

在现场救护中，当伤病员情况允许或处于危险环境时，应尽快将伤病员转送并做好以下工作：

①对已经检伤分类待送的伤病员进行复查，对有活动性大出血或转送途中有生命危险的急危重症者，应先抢救、治疗，做必要的处理后再监护转运；

②认真填写转运卡，提交接纳医院，并报现场医疗救援指挥部；

③在转运中，医护人员必须密切观察伤病员病情变化，确保治疗持续进行；

④在转运过程中要科学搬运，避免造成二次损伤；

⑤合理分流伤病员，按现场医疗救护组指定的地点转送。

（3）医疗救护工作要求：

①经常检查急救所用的各种设备，保证时刻都是完好状态；

②确保各类急救药品的充足，及时补充；

③救护组人员手机电话必须时刻畅通；

④参加救护人员认真完成各自的任务，并做好自我防护工作；

⑤对现场参加救援的医疗组织及人员必须认真听从统一指挥，不可擅自做主；

⑥救护车完成任务，返回指定医疗救护位置等待新任务。

（4）注意事项：

①合理使用现场的医务力量和急救的药品、器材等有限资源，在保证重点伤员得到救治的基础上，兼顾到一般伤员的处理；

②注意保护伤员的眼睛；

③对救治后的伤员实行一人一卡，将处理意见记录在卡上，并别在伤员胸前，以便做好交接，有利伤员的进一步转诊救治；

④统计工作：注意统计工作的准确性和可靠性，为日后总结和分析积累可靠的数据。

7.12 院前急救护理、转运技术职能

7.12.1 院前急救护理

7.12.1.1 院前急救原则

（1）立即使伤（病）员脱离险区。

①先复苏后固定；②先止血后包扎；③先重伤后轻伤。

（2）先救命后治病，先救治后转运。

（3）急救与呼救同时进行。

（4）争分夺秒，就地取材。

（5）保留离断肢体和器官。

（6）搬运和医护一致性。

（7）加强途中监护并详细记录。

卫生部2006年2月发布《国家突发公共卫生事件医疗卫生救援应急预案》规定：到达现场的医疗卫生救援应急队伍，要迅速将伤员转送出危险区，本着"先救命后治伤，先救重后救伤"的原则开展工作。按照国际统一的标准对伤病员进行检伤分类，分布用蓝、黄、红、黑四周颜色，对轻、重、危重、死亡人员作出标志。

过去急救是"抬起就跑"的方法，现在国际上已经基本上被"暂等并稳定伤情"的思想所代替。"暂等并稳定伤情"并不是把伤员搁置不管，而是急救人员在紧张地为马上转送的伤病员做开放气道、心肺复苏、控制大出血、制动骨折、止痛等重要而有价值的工作。

大量事实证明：对伤病员不搬动、少搬动是有利的，但为使伤病员脱离危险现场和送到医院还必须搬运。这是一对矛盾，在搬运中，未经过训练者应尤为注意。

最佳急救期：伤后 1h 内。

较佳急救期：伤后 12h 内。

延期急救期：伤后 24h 内。

7.12.1.2　院前急救护理工作要点

1）护理体检要求

（1）尽量不移动病人；

（2）注意"三清"。

①听清：病人或陪伴者的主诉；

②问清：与发病或创伤有关的细节；

③看清：与主诉相符合的症状和体征及局部表现。

2）急救护理

院前急救的基本原则是先救命、后治病。当救护人员到达现场后，首先应迅速而果断地处理直接威胁病人生命的伤情或症状。同时迅速对病人进行全身体检。这对于因创伤所致的昏迷病人，从外观上不能确定损伤部位和伤情程度时尤为重要。

（1）体格检查。

①体检原则。

体检包括望、触、叩、听等基本物理检查，尤其侧重于对生命体征变化的观察及发现可用护理方式解决的问题。

进行体检时，要注意听取病人或旁人的主诉，问清与发病或创伤有关的细节，查看与主诉相符合的症状及局部表现。体检原则上尽量不移动病人身体，尤其对不能确定伤势的创伤病人，移动有时会加重伤情。检查应迅速而轻柔，对不同病因的病人，体检的侧重点不同。检查中，要随时处理直接危及生命的症状和体征。

②体检顺序。

a. 测量生命体征。

包括血压、脉搏、呼吸、体温及意识状态。

b. 观察病人的一般状况。

如表面的皮肤损伤、语言表达能力、四肢活动情况，病人对伤情或症状的耐受程度。

c. 全面体检。

从头、颈、心、肺、腹、背、脊柱、四肢进行检查。

③体检内容。

院前急救的体格检查以生命体征、头部体征为主,包括颈部体征、脊柱体征、胸部体征、腹部体征、骨盆体征、四肢体征等。

a. 生命体征。

包括瞳孔、血压、脉搏、呼吸、皮肤温度。

瞳孔:是否等大等圆,对光反射是否灵敏。瞳孔是否固定,压眶反射是否存在。瞳孔不等大常提示有颅脑损伤,瞳孔一侧散大常提示有颅脑血肿及脑疝。双瞳孔缩小如针尖大小常提示有有机磷、吗啡、毒蕈中毒及脑干病变。双侧瞳孔散大到边,对光反射消失,眼球固定常是濒死或死亡的征象。

血压:常规测量肱动脉压。若病人双上肢受伤,应测量腘动脉压。血压过高需立即给予降压措施;血压过低提示有大量出血或休克存在。

脉搏:测量脉率及脉律。常规触摸桡动脉,桡动脉触摸不清,提示收缩压<80mmHg。猝死病人触摸颈动脉或股动脉。心率>120次/min是病情严重的表现。

呼吸:测量呼吸频率,观察其速度、深浅度和节律有无异常。注意有无呼吸困难、被动呼吸体位、发绀及三凹征。

体温及末梢循环状况:必要时测体温,否则主要观察和触摸病人肢体末梢血液循环情况,有无皮肤湿冷、发凉、发绀或发花。

在测量生命体征时,可通过与病人对话判断其意识状态、反应程度、能否正确表达病情和有何医疗护理需求,如病人感到疼痛难忍、体位不适、口渴等。回答问题准确,说明大脑血液供应良好,颅脑无严重损伤。烦躁不安提示脑缺氧。精神异常或神志不清是伤情严重的表现。包括瞳孔、血压、脉搏、呼吸、皮肤温度。

b. 头颅体征。

口:口唇有无发绀,口腔内有无呕吐物、血液、食物或脱落的牙齿。如发现牙齿脱落或安装有假牙要及时清除。观察口唇色泽及有无破损,有无因误服腐蚀性液体致口唇烧伤或色泽改变。经口呼吸者,观察呼吸的频率、幅度、有无呼吸阻力或异味。

鼻：鼻腔是否通畅，有无呼吸气流，有无血液或脑脊液自鼻孔流出，鼻骨是否完整或变形。

眼：观察眼球表面及晶状体有无出血、充血，视物是否清楚等。

耳：耳道中有无异物，听力如何，有无血液流出，是血性的还是清亮的，耳廓是否完整。

面部：面色是否苍白或潮红，有无大汗。

头颅骨：是否完整，有无血肿或凹陷。

c. 颈部体征。

轻柔地检查颈前部有无损伤、出血、血肿，颈后部有无压痛点。触摸颈动脉，检查脉率的强弱和脉率，注意有无颈椎损伤。

d. 脊柱体征。

主要是对创伤病人，在未确定是否存在脊髓损伤的情况下，切不可盲目搬动病人。检查时，用手平伸向病人后背，自上向下触摸，检查有无肿胀或形状异常。对神志不清者，如确知病人无脊髓损伤或非创伤性急症，护士应把病人放置在侧卧位，这种体位能使病人被动放松并保持呼吸通畅。

e. 胸部体征。

检查锁骨，有无异常隆起或变形，在其上稍施压力，观察有无压痛，以确定有无骨折并定位。检查胸部，观察病人在吸气时两侧胸廓起伏是否对称；胸部有无创伤、出血或畸形。双手平开轻轻在胸部两侧施加压力，检查有无肋骨骨折。

f. 腹部体征。

观察腹壁有无创伤、出血或畸形；腹壁有无压痛或肌紧张；确定可能受到损伤的脏器及范围。

g. 骨盆体征。

两手分别放在病人髋部两侧，轻轻施加压力，检查有无疼痛或骨折。观察外生殖器有无明显损伤。

h. 四肢体征。

上肢：检查上臂、前臂及手部有无异常形态、肿胀或压痛。如病人神志清醒，能配合体检者，可以让病人自己活动手指及前臂；检查推力和皮肤感觉，并注意肢端、甲床血液循环状况。

下肢：用双手在病人双下肢同时进行检查，两侧相互对照，看有无变形或肿胀，但不要抬起病人的下肢。检查足背动脉搏动情况，病人的足能否有力地抵住检查者的手。

（2）建立有效的静脉通路。

选用静脉留置针，即保证液体快速通畅，又可以防止伤病员在躁动、改变体位和转运中针头滑脱。对抢救创伤出血、休克等危重伤员十分有利。

防差错事故

（3）院前急救工作紧张，医生只下达口头医嘱，护士必须执行"三清一核对"，即：听清、问清、看清，并与医生核对药物名称、剂量、浓度、用法，注意药物配伍禁忌，严防差错事故发生。用过的安瓿应暂时保留，以便核查。

（4）学会脱去伤员衣服的技巧。

①脱上衣法：解开衣扣，将衣服尽量向肩部方向推，背部衣服向上平拉。伤员有一侧上肢受伤，脱去衣袖时，应先健侧后患侧，如伤员生命垂危，情况紧急或肢体开放损伤，或伤员穿有套头式衣服较难脱去时，可直接使用剪刀剪开衣服，为急救争取时间。

②脱长裤法：伤员呈平卧位，解开腰带及扣，从腰部将长裤推至髋下，保持双下肢平直，不可随意抬高或屈曲，将长裤平拉向下脱出。如确知伤员无下肢骨折，可以屈曲，小腿抬高，拉下长裤。

③脱鞋袜法：托起并固定住踝部，以减少震动，解开鞋带，向下再向前顺脚方向脱下鞋袜。

④脱除头盔法：如伤员有头部创伤，且因头盔而妨碍呼吸时，应及时去除头盔。但对于疑有颈椎创伤者应十分慎重，必要时与医生合作处理。如伤员无颅脑外伤且呼吸良好，去除头盔较为困难时，可不必去除。去除头盔方法是：用力将头盔的边向外侧搬开，解除夹头的压力，再将头盔向后上方托起，即可去除。整个动作应稳妥，不要用粗暴动作，以免加重伤情。

7.12.2 转运技术职能

搬运伤员，与搬运物体不一样，需要结合伤情，否则会引起伤员不适甚至危害。搬运时要能随时观察伤情，一旦病情变化可立即抢救。

1）徒手搬运

徒手搬运不需要任何器材，在狭小地方往往只能用此方法。

（1）单人背法搬运（图7-7）：让伤员双上肢抱住自己的颈部，伤员的前胸紧贴自己的后背用双手托住伤员大腿中部。适用于体重较轻及神志清楚伤员的搬运。

（2）单人抱法搬运（图7-8）：将伤员一上肢搭在自己肩上，然后一手抱伤员的腰，另一手肘部托起大腿，手掌部托其臀部。适用于体重较轻及神志不清的伤员的搬运。

（3）双人拉车式（图7-9~图7-11）：一人双上肢分别托住伤员的腋下，另一人托住伤员的双下肢适用于非脊柱伤病人的搬运。

（4）多人平托法搬运（图7-12）：几个人分别托住伤员的颈、胸腰、臀部、腿，一起抬起，一起放下。适用于脊柱伤伤员。

图7-7 背负法

图7-8 抱持法

图7-9 拉车式

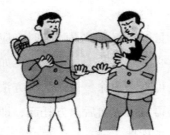
图7-10 平卧托运法

图7-11 椅式搬运

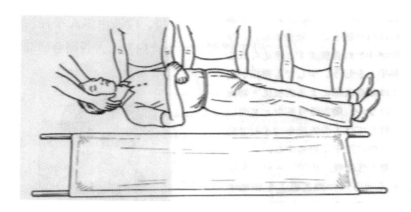

图 7－12　担架

2) 器材搬运

(1) 担架搬运：担架是搬运伤员的主要工具（图 7－13）。

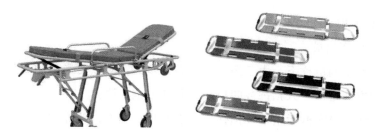

图 7－13　搬运器材

(2) 其他器材：可用椅子、毯子、木板等进行，要注意看护伤员或扎好安全带，防止翻落，上下楼梯时尽可能使伤员体位接近水平，并使伤员的头部略高位。

3) 搬运体位（图 7－14）

(1) 颅脑伤伤员：使伤员取侧卧位，若只能平卧位时，头要偏向一侧，以防止呕吐物或舌根下坠阻塞气道。

(2) 胸部伤伤员：使伤员取坐位，有利于伤员呼吸。

(3) 腹部伤伤员：使伤员取半卧位，双下肢屈曲，有利于放松腹部肌肉，减轻疼痛和防止腹部内脏脱出。

（4）脊柱伤伤员：使伤员一定要保持平卧位，应该由多人平托法搬运，同时抬起，同时放下。千万不能双人拉车式或单人背抱搬运，否则会引起脊髓损伤以至造成肢体瘫痪。

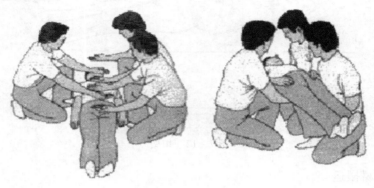

图7-14 平托法搬运

4）注意事项

（1）保护伤病员。

①不能使伤病员摔下。由于搬运时常需要多人，所以要避免用力先后或不均衡，较好的方法是由一人指挥或叫口令，其他人全心协力。

②预防伤病员在搬运中继发损伤。重点对骨折病人，要先固定后搬运，固定方法见外伤固定术。

③防止因搬运加重病情。重点对呼吸困难病人，搬运时一定要使病人头部稍后仰开放气道，不能使头部前屈而加重气道不畅。

（2）保护自身。

①保护自身腰部。搬运体重较重伤病员时，会发生搬运者自身的腰部急性扭伤，科学的搬运方法是搬运者先蹲下，保持腰部挺直，使用大腿肌肉力量把伤病员抬起，避免弯腰使用较薄弱的腰肌直接用力。

②避免自身摔倒。有时搬运伤病员要上下楼，或要经过较高低不平的道路，或路滑的地方，所以一定要一步步走稳，避免自身摔倒，既伤了自己又会祸及伤病员。

附 录

各种突发疾病抢救流程图

第1节 硫化氢中毒抢救流程图

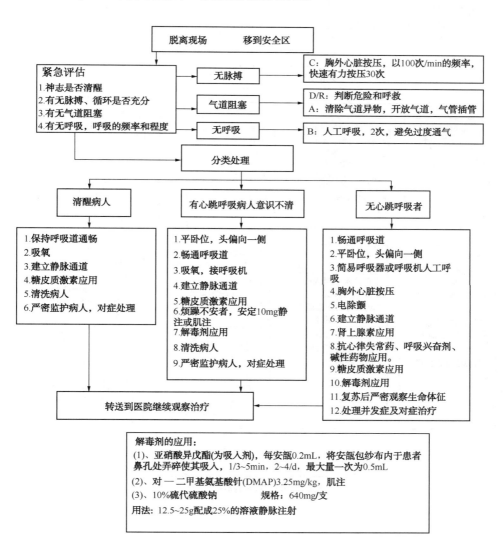

第2节 二氧化硫中毒抢救流程图

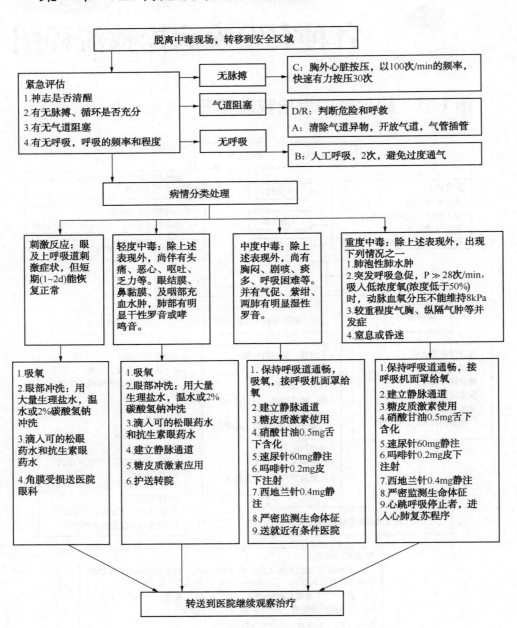

第3节 心跳骤停抢救流程

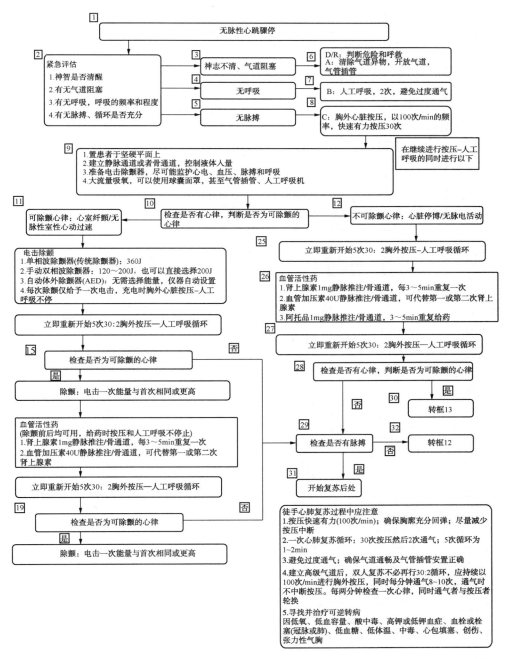

第4节 急性心肌梗死抢救流程

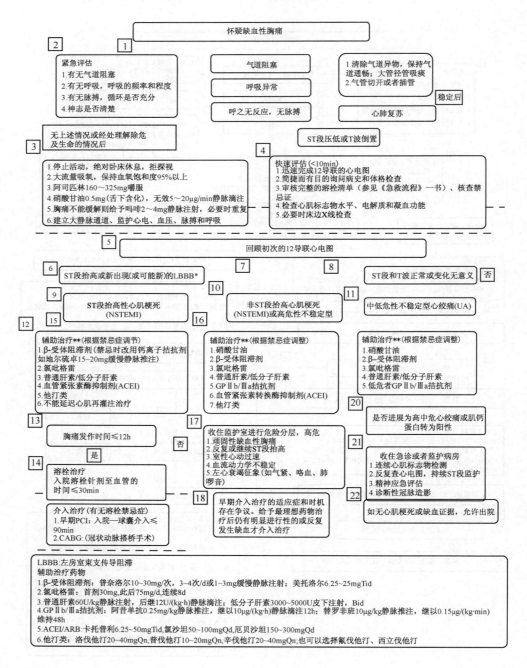

第5节 休克抢救流程

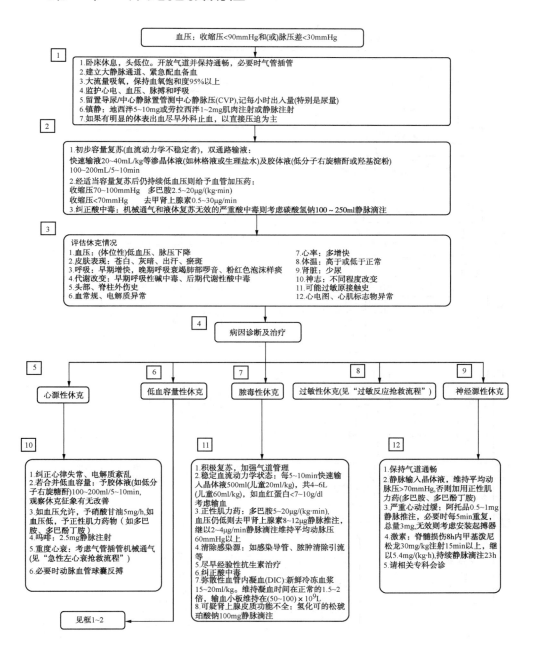

第6节 成人致命性快速性心律失常抢救流程

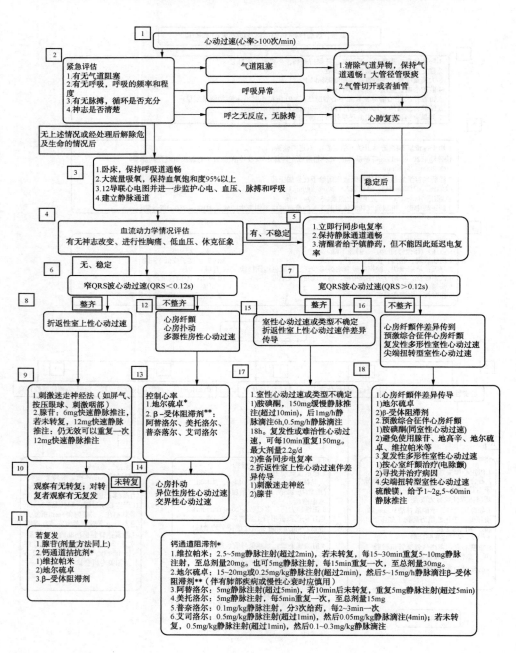

第7节 急性喉梗阻抢救流程

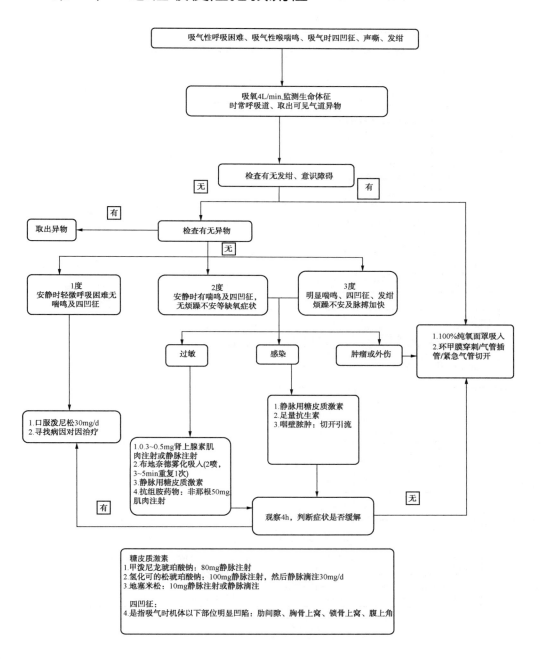

第8节 过敏反应抢救流程

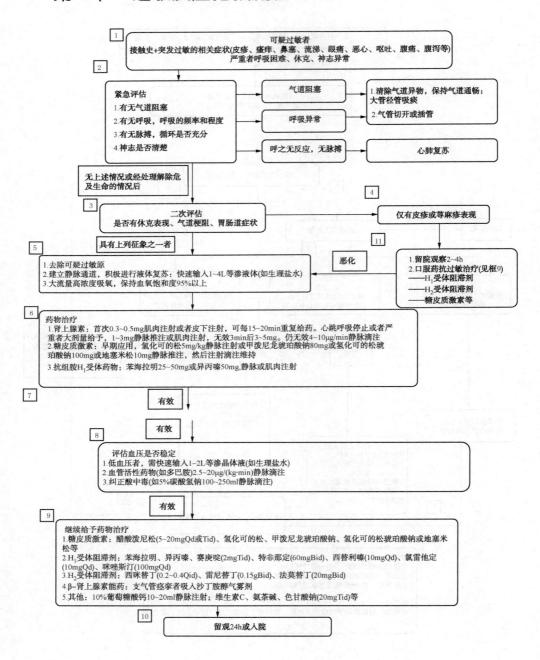

第9节 全身性强直-阵挛性发作持续状态（癫痫持续状态）抢救流程

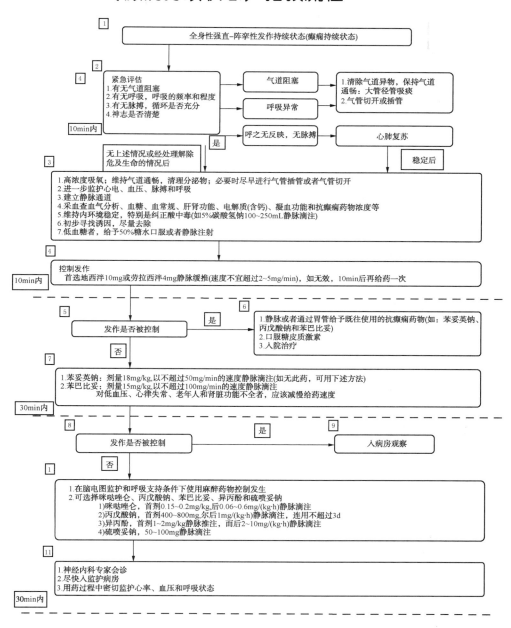